先相信你自己：

馬雲的價值理念

Trust Yourself: Jack Ma's Business Conc

成長階梯：62

先相信你自己：馬雲的價值理念

編著　柯誠浩
出版者　大拓文化事業有限公司
執行編輯　廖美秀
美術編輯　林家維

總經銷　永續圖書有限公司
劃撥帳號　18669219
地址　22103　新北市汐止區大同路三段一九四號九樓之一
TEL　（〇二）八六四七—三六六三
FAX　（〇二）八六四七—三六六〇
E-mail　yungjiuh@ms45.hinet.net
網址　www.foreverbooks.com.tw

CVS代理　美璟文化有限公司
TEL　（〇二）二七二三—九九六八
FAX　（〇二）二七二三—九六六八

法律顧問　方圓法律事務所　涂成樞律師

出版日◇二〇一四年十二月

國家圖書館出版品預行編目資料

先相信你自己：馬雲的價值理念 / 柯誠浩編著.
-- 初版. -- 新北市：大拓文化，民103.12
面；　公分. --（成長階梯；62）
ISBN 978-986-5886-89-9(平裝)
1.馬雲 2.學術思想 3.企業管理
494　　　103021020

馬雲和他創立的阿里巴巴已經走過了十餘個年頭。在這十多年中馬雲和阿里巴巴經歷過高峰也經歷過低谷，沐浴過春風也遭遇過寒冬。然而嚴酷的「冬天」沒有擊垮馬雲和他的團隊，經過了多年的風風雨雨，阿里巴巴集團已經成為中國電子商務的領導者，在世界電子商務行業中也是一個響噹噹的名字。

馬雲，一個當代中國卓越的企業家，他創造了阿里巴巴王國，是《福布斯》雜誌創辦五十多年來成為封面人物的首位大陸企業家，更是贏得了未來全球領袖的殊榮。

一九八八年杭州師範學院（現杭州師範大學）英語系畢業的馬雲曾任教於杭州電子科技大學；一九九二年馬雲開始了他人生第一次創業，即成立了海博翻譯社；一九九九年，馬雲正式創辦阿里巴巴網站，並開拓了電子商務應用，尤其是企業對企業業務；目前，阿里巴巴是全球最大的企業對企業網站之一。阿里巴巴網站的成功，使馬雲多次獲邀到全球多所著名高等學府進行講學，當中包括賓夕法尼亞大學的沃頓商學院、麻省理工大學、哈佛大學等。

在當代中國市場經濟欣欣向榮之際，很多人都想創業，但是他們似乎都有一個不能成行的理由，那就是缺錢。而馬雲的創業經歷告訴我們，沒錢同樣可以創業，同樣可以創出一番偉大的事業。創業不僅需要一顆有遠見的頭腦來規劃藍圖，更需要秉持一顆激情的心將夢想落實於行動。眾所周知，在創業過程中難免會遇到種種困難，如資金不足，人才亟缺，沒有市場，等等，面對這些困難，創業者需要有冒險精神，以積極的心態不鬆懈不氣餒的尋找問題的解決辦法，滿懷信心地迎接每一個挑戰。

縱觀商海風雲，每個成功的企業都有自己的核心價值理念。只有具備社會責任感的企業才會在市場激烈的競爭中愈挫愈勇，只有秉承「先天下之憂而憂」胸懷的企業才能走得更高更遠。馬雲在論述阿里巴巴及其經營理念時強調阿里巴巴的核心競爭力不是技術而是企業文化，由此可見塑造企業文化的重要性。在馬雲的團隊裡強調的是員工，而不是「鐵打的營盤流水的兵」，不是股東。因為任何一個有生命力的企業都離不開員工的辛勤努力，所以團隊建設一向在企業管理中有著十分重要的地位。企業的領導者不僅要有神聖的企業使命感，更要有開闊的眼界和過人的膽識，這樣的企業才能帶領團隊奔向欣欣向榮的企業未來。

當然，僅僅擁有良好的內部管理是不夠的，對企業而言，生產出的產品能被市場很好地吸收，才能在行業中生存發展下去。如何經營企業是企業人不可回避的問題，如創業初期的資金運作，採取何種商業模式，客戶關係的處理等問題的處理，無不體現著企業人在企業經營中的智慧。所以，只有懂得競爭法則、市場行銷的企業人才能在危機時刻將企業救出困境繼往開來。

在諸多創業者中，馬雲的創業人生無疑是成功的，他和他的團隊創造了中國的互聯網眾多的第一，人們在驚歎他的傳奇人生歷程的同時也很好奇究竟是什麼樣的人生觀、價值觀塑造了今日卓越不凡的馬雲。「尊敬馬雲，是

因為他的為人，創業的精神」，很多創業者不約而同的說出心中對馬雲的崇拜之情。

所以，有鑒於成功人士大多擁有著相似的創業理念和人生奮鬥經歷，我們希望透過此書的編撰將馬雲的成功經驗進行匯總，為讀者呈現出一部大全集版的「馬雲教典」，為有志之士提供一個站在「巨人肩膀上」高瞻遠矚的機會。

馬雲曾非常熱心的表示願意將自己的成功經驗與他人分享，他希望能夠幫助眾多中小企業老闆和經理們樹立有意義的做人、做事原則，所以讓我們一起來解讀馬雲，學習馬雲。也許走在創業路上的人不一定都會有馬雲那樣的機遇和運氣，但是任何帶著宏圖偉業目標的行動都需要切實的指導才能更好的實現，這正是本書所衷心希望達到的效果。

建立自我，追求忘我

P.37

建立自我，
追求忘我。
——馬雲

第一章　激情——智慧的最大成就，也許要歸功於激情

激情讓你無往不利

激情來得快，去得更快。
你可以失敗，
可以失去一項產品，
但是你不能放棄。
一個員工第一天晚上很晚下班，
疲憊地離去；
第二天一早，
他又笑著回來了，
這就是激情。
做任何事情必須要有激情，
沒有激情什麼事情也做不好。
阿里巴巴的六脈神劍第一條就是激情。
——馬雲

P.46

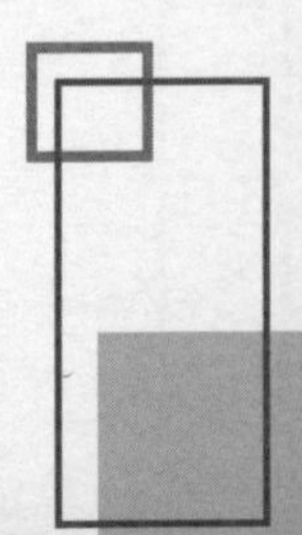

敢做別人沒做過的事情

P.53

一個人不能沒有一點
浪漫主義、
理想主義精神。
——馬雲

第一章　激情——
智慧的最大成就，也許要歸功於激情

創業有時需要一點瘋癲勁

我瘋狂，
但絕不愚蠢
——馬雲

P.61

短暫的激情只能帶來浮躁

P.69

短暫的激情只能帶來浮躁
和不切實際的期望，
它不能形成巨大的能量；
而永恆持久的激情會形成互動、對撞，
產生更強的激情氛圍，
從而造就一個團結向上，
充滿活力與希望的團隊。
——馬雲

第一章　激情——智慧的最大成就，也許要歸功於激情

這個世界上沒有二次創業

我不同意二次創業的說法，
只要你創業
你就一輩子都在創業。
——馬雲

P.77

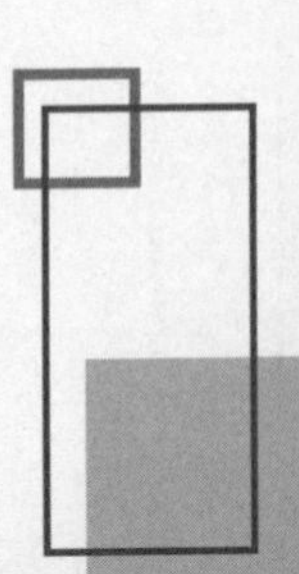

第二章　自信——先相信你自己，然後別人才會相信你

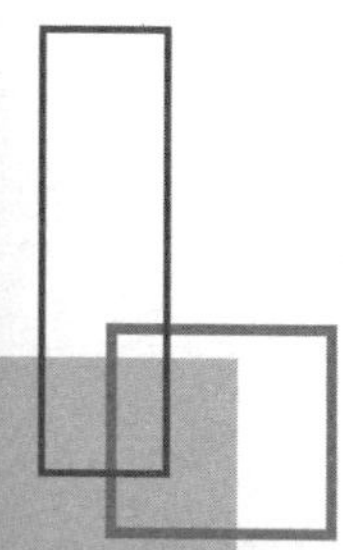

要有打敗別人的本事

P.100

我如果加入GOOGLE，
GOOGLE肯定會贏，
我加入雅虎，雅虎可能也會贏。
我加入誰都有可能；
我自己不能創辦，
但打敗別人還是有本事的。
——馬雲

第二章　自信——先相信你自己，然後別人才會相信你

小商品也能做成大生意

讓別人去跟著鯨魚跑吧！
我們要抓些小蝦米。
我們很快就會
聚攏五十萬個進出口商，
我怎麼可能
從他們身上分文不得呢？
——馬雲

P.108

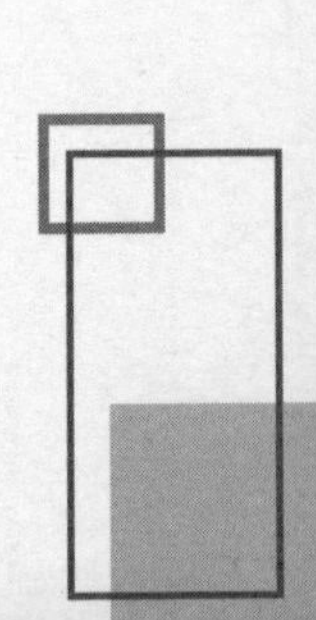

創業者最大的資本是自信

P.116

我相信「相信」。
第一要相信你能活，
第二要相信你有堅強的存活毅力。
相信自己做的事情是對的；
第二，相信自己做的事情非常難，
沒有幾個人做得了，
自己能夠嘗試就已經勝利了一半。
——馬雲

第二章　自信——先相信你自己，然後別人才會相信你

男人的胸懷是委屈撐大的

九年創業的經驗告訴我
任何困難都必須
你自己去面對。
創業者就是面對困難。
——馬雲

P.123

只要始終保持進攻你就有機會

我是一個進攻者，
只要保持進攻，
就一定會有機會。
——馬雲

P.130

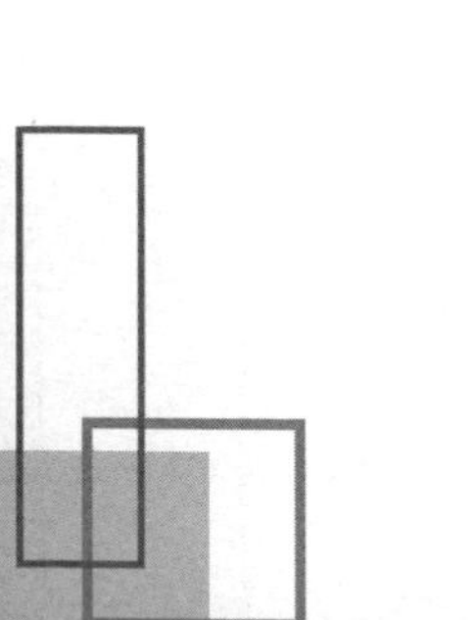

先求生存，再求戰略

P.140

先求生存，再求戰略，
這是所有商家的基本規律，
你還沒有站穩腳跟
就去跟人家挑戰肯定是不行的，
先生存再挑戰，
這樣贏的機會就會越來越大。
——馬雲

第三章　策略——

戰略不僅在於知道做什麼，更重要的是，要知道停下什麼

有好的戰略不一定有好的結果

如果早起的那隻鳥
沒有吃到蟲子，
就會被別的鳥吃掉。
——馬雲

P.149

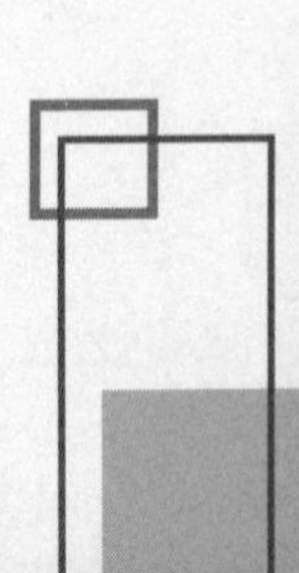

活下來最重要

P.156

戰略有很多意義，
小公司的戰略
簡單一點來說就是活著，
活著最重要。
——馬雲

第三章　策略——

戰略不僅在於知道做什麼，更重要的是，要知道停下什麼

要跟經歷過磨難的公司合作

我覺得雅虎這麼多年來
還能堅強的活著，
而且還不斷的發展，
特別在大陸經歷的磨難也好，
發展也好，
我喜歡跟經歷過磨難的公司合作。
——馬雲

P.164

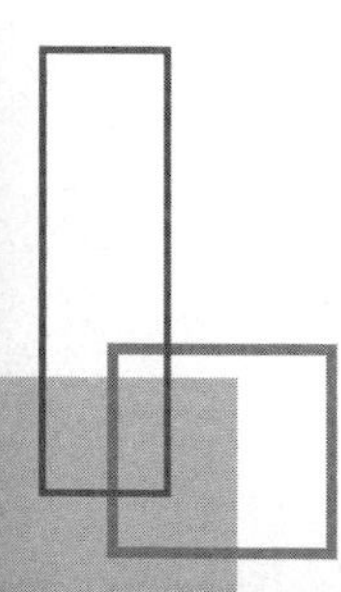

先消化學到的招數然後自然的使出來

P.172

我想做任何事，
要把所有的招數
在自己消化了以後，
再很自然地使出來。
——馬雲

第三章　策略——

戰略不僅在於知道做什麼，更重要的是，要知道停下什麼

適當的時候學會隱藏自己的長項

有時候把自己的長項藏起來，
弱項暴露出來沒有關係。
——馬雲

P.181

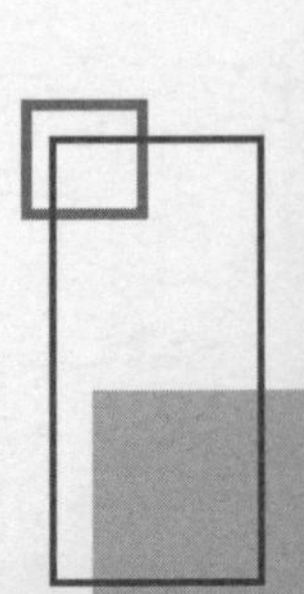

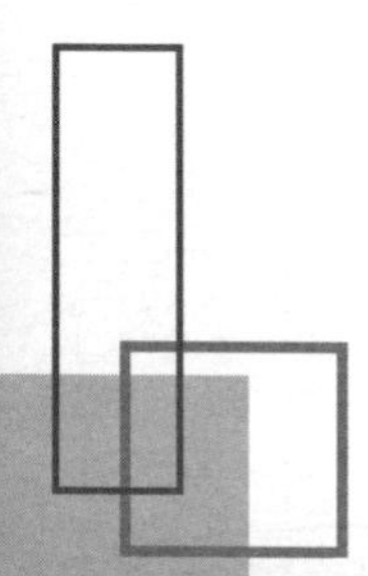

眼光要開闊

P.209

我們要打開國際電子商務市場，
培育大陸國內電子商務市場。
我們的口號是避開國內甲A聯賽，
直接進入世界盃。
——馬雲

第三章　策略——

戰略不僅在於知道做什麼，更重要的是，要知道停下什麼

集中力量辦大事

其實做戰略最忌諱的是面面俱到，
一定要記住重點突破，
所有的資源都聚集在一點突破，
才有可能贏，
而面俱到那就什麼都不可能贏。
講話也好，
做隊長也好，
要明白我的出發點在哪裡，
進攻點在哪裡這才是真正的戰略要素。
——馬雲

P.215

第一章 激情——

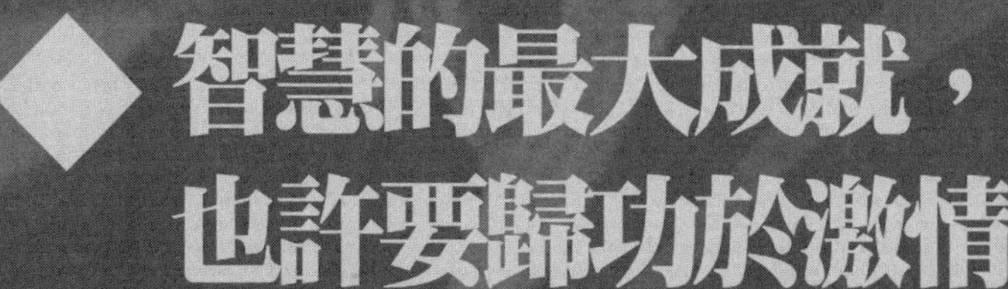

◆ 智慧的最大成就，也許要歸功於激情

永遠露出你的笑臉

未來一定是由我們今天樂觀積極的態度和努力決定的。——馬雲

在《馬雲如是說——中國頂級CEO的商道真經》中有這樣一句話：「判斷一個人、一個公司是不是優秀，不要看他是不是哈佛，是不是史丹佛。不要看裡面有多少名校大學畢業生，而要看這幫人工作時是不是像發瘋一樣的工作，看他每天下班是不是笑眯眯的回家。」馬雲把快樂當做阿里巴巴的一個核心競爭力。

他認為，員工工作的目的不僅包括一份滿意的薪水和一個好的工作環境，也包括在企業中能快樂地成長。永遠要把自己的笑臉露出來，不僅領導

者如此，員工也要每天快樂地面對工作。

所以馬雲致力於把阿里巴巴打造成一個氛圍愉快的快樂團隊，讓每一個員工都能帶著「笑臉」工作，他要把自己的公司變成一個「笑臉」公司。

馬雲在點評《贏在中國》第一賽季晉級篇第八場選手潘誠的表現時說，「潘誠，你贏了，但還有不足的地方。我認為，快樂不是一個概念，概念永遠不是一個企業的核心競爭力。任何一個創業者，永遠要把自己的笑臉露出來。你的臉看起來很痛苦的樣子，很難想像一張痛苦的臉可以給人帶來快樂。所以快樂是需要展現出來的，你要把自己的快樂展現出去。此外，剛才講到發脾氣，其實男人的胸懷是委屈撐大的，多一點委屈，少一些脾氣，你會更快樂。」

是的，快樂不是一個概念，幸福也不只是一種說法，這些美好的感覺都源自於我們對生活最真切的感悟以及執著的追求。而微笑就是最直接的體現。

微笑，是世間最美麗的表情，它代表了友善、親切、禮貌與關懷。不會笑的人，彷彿身旁的空氣都鬱悶得難以流動，待久了是會讓人窒息的。長得不美，笑得也不好看，這無關緊要，重要的是，你是否真心誠意地展顏一笑，送給每一位與你擦身而過的熟悉抑或陌生的人。

微笑，是灑向人間的愛意，向世界吐露芬芳的真誠。你的笑靨雖不能傾國傾城，但只要是發自肺腑，平常而又自然，也足以使人感到無限的愜意和溫馨。無論何時都要學會把你最美的笑臉露出來，展現出來，用你的微笑帶給別人快樂，驅散黑暗。

達文西的傳世名作《蒙娜麗莎的微笑》，以其獨特的藝術魅力給人們留下了深刻的印象。不同的人欣賞，就會產生不同的感受。人們從蒙娜麗莎的微笑裡讀到了豐富的內涵。

微笑是一種可以「傳染」的美好事物。無論是航空公司的空姐們美麗的微笑，還是街頭賣茶葉蛋的阿伯慈愛的微笑，都會構成我們生活中不可或缺的一道風景。

有人做了一個有趣的實驗，以證明微笑的魅力：

他給兩個人分別戴上一模一樣的面具，上面沒有任何表情，然後，他問觀眾最喜歡哪一個人，答案幾乎一樣：一個也不喜歡，因為那兩個面具都沒有表情，他們無從選擇。

然後，他要求兩個模特兒把面具拿開，現在舞臺上有兩張不同的臉，他要其中一個人把手盤在胸前，愁眉不展並且一句話也不說，另一個人則面帶微笑。

他再問每一位觀眾：「現在，你們對哪一個人最有興趣？」答案也是一樣的，他們選擇了那個面帶微笑的人。

如果微笑能夠真正的伴隨著你生命的整個過程，這會使你超越很多自身的局限，使你的生命自始至終生機勃發。

用你的笑臉去歡迎每一個人，那麼你將會成為最受歡迎的人。

有微笑面孔的人，就會有希望。因為一個人的笑容就是他傳遞好意的信使，他的笑容可以照亮所有看到它的人。沒有人喜歡幫助那些整天愁容滿面的人，更不會信任他們；很多人在社會上站住腳是從微笑開始的，還有很多人在社會上獲得了極好的人緣也是從微笑開始的。

世界著名的希爾頓飯店的創辦人康拉德．希爾頓說：「如果我的旅館只有一流的設備，而沒有一流的微笑服務的話，那就像一家永不見溫暖陽光的旅館，又有何情緒可言呢？」

卡內基也曾對微笑說過這樣的話：「微笑的力量是巨大的，孩子們天真的微笑使我們想起了天使；父母的微笑讓我們感到溫情；祖父的微笑讓我們感到慈愛。拿最常見的事情來說，小狗見到主人時，那副欣喜若狂的樣子就讓人覺得小狗是最忠實的夥伴了。」

在現實生活中，你什麼都可以吝嗇，但千萬不要吝嗇你的微笑。沒有什麼東西能比一個陽光燦爛的微笑更能打動人的了。微笑具有神奇的魔力，它能夠化解人與人之間的堅冰，同時，微笑也是你身心健康和人生幸福的標誌。

微笑的後面蘊涵的是堅實的、無可比擬的力量，一種對生活巨大的熱忱和信心，一種高格調的真誠與豁達，一種面對人生的智慧與勇氣。而且，境由心生，境隨心轉。我們內心的思想可以改變外在的容貌，同樣也可以改變周遭的環境。

約翰·南森堡是一名猶太籍的心理學博士。二戰期間，他僥倖的在納粹的魔爪下逃生，然而他卻沒能逃脫納粹集中營裡慘無人道的折磨。他曾經絕望過，這裡只有屠殺和血腥，沒有人性、沒有尊嚴。那些持槍的人像野獸一樣瘋狂的屠戮著，無論是懷孕的母親，剛剛學會走路的幼兒，還是年邁的老人。

他時刻生活在恐懼中，這種對死的恐懼讓他感到一種巨大的精神壓力。集中營裡，每天都有因此而發瘋的人。南森堡知道，如果自己不控制好情

緒，也難以逃脫精神失常的厄運。

有一次，南森堡隨著長長的隊伍到集中營的工地上去勞動。一路上，他產生一種幻覺，晚上能不能活著回來？是否能吃上晚餐？他的鞋帶斷了，能不能找到一條新的？這些幻覺讓他感到厭倦和不安。於是，他強迫自己不想那些倒楣的事，而是刻意幻想自己是在前去演講的路上。他來到了一間寬敞明亮的教室中，他精神飽滿的在發表演講。

他的臉上慢慢浮現出了笑容。南森堡知道，這是久違的笑容。當他知道自己也會笑的時候，他也就知道了，他不會死在集中營裡，他會活著走出去。當從集中營中被釋放出來時，南森堡顯得精神很好。他的朋友簡直不敢相信，一個人可以在魔窟裡保持年輕。

微笑的作用如此巨大，可以幫助一個人打開心靈的窗戶。當「心窗」沒有打開的時候，我們會感到窒息；一旦「心窗」打開了，情緒和心靈的空間也就豁然開朗，對於一些事情也能看得更透徹了，就能消化積存的煩惱，讓它變為活力。

微笑是陽光的美麗外衣，一個笑容就像一個穿過烏雲的太陽，能夠給人帶來一種信心，一種希望、生命，一切的一切都是充滿歡樂的。如果你學會了陽光燦爛的微笑，你就會發現，你的生活從此變得更加輕鬆，而人們也喜歡享受你那陽光燦爛的微笑。所以，無論什麼時候，都要記得把笑臉露出來，展現自己的微笑。

不要小看任何對手

我們做企業的，每天都應如履薄冰般，每一天，對每一個專案，對每一個過程都要非常認真。所以請大家注意，不管你擁有多少資源，永遠要把對手想得更強大一點。哪怕他非常弱小，你也要把他想得非常強大。——馬雲

競爭對手是企業的重要參考對象，他的存在證明企業存在的價值。在競爭對手身上你能看到自己的影子。重視競爭對手就是重視自己，尊重競爭對手也是尊重自己的表現。

馬雲曾說：「商界犯錯時經常會出現說：看不見，看不起，看不懂，跟

不上。首先，我找不到對手；第二，我根本看不起這些人；第三，我看不懂他們怎麼起來了；最後是根本跟不上別人。」這也告訴我們任何時候都不要掉以輕心，要尊重對手、重視對手，這樣才能制定出有效的措施，在競爭中獲得主動權。

馬雲之所以能率領淘寶網擊敗行業老大eBay，一個很重要的原因就在於他對競爭對手的重視，他知道eBay很強大，但也清醒的認識到淘寶的優勢所在。他有一個很生動的比喻，「eBay是大海裡的鯊魚，淘寶則是長江裡的鱷魚，鱷魚在大海裡與鯊魚搏鬥，結果可想而知，我們要把鯊魚引到長江裡來。」「和海裡的鯊魚打，進了大海我們一定會死，但是在長江裡打我們不一定會輸。」

基於強大的競爭對手，馬雲在內心就高度重視eBay並開始瞭解eBay，他關注eBay的一舉一動，「eBay公司所有的高層資料我們都會詳細分析，他們在世界各地的各種打法，他們擅長的各種管理手段和應招特點，我們都會仔細研究」。馬雲說，我們與競爭對手最大的區別就是我們知道他們要做什麼，而他們不知道我們想做什麼。

eBay是上市公司而阿里巴巴不是，惠特曼對淘寶的瞭解尚不及馬雲對eBay的瞭解。正是基於對eBay的高度重視和知己知彼的戰術，馬雲才能在淘寶與eBay的競爭中遊刃有餘的指揮操控，並自信滿滿的將其擊敗。而eBay則由於不重視阿里巴巴，把對手看得太弱小，以至於被阿里巴巴搶佔了中國大部分的市場。

事實上，不只是馬雲，在激烈的市場競爭中，適度的把對手想的強大一點，恰如其分的估價自己並採取有效的方法，是每個企業在競爭中獲得成功的關鍵所在。而輕視對手，不重視對手，就會很難制定出有效的競爭策略，往往會在競爭中陷於被動地位，帶來競爭的慘敗。

在《贏在中國》第二賽季商業實戰篇第三場，選手分為紅藍兩隊成員，商戰任務是以橡果國際的名義，透過電視購物的形式，向目標消費者推廣和銷售橡果國際的產品，在有限的時間內完成從廣告策劃、拍攝、電話銷售以及售後服務的全過程。

馬雲在評價這場比賽時說：「三場比賽我們都發現了一個問題，沒有資源的那些團隊都贏了，而看起來可能會贏的團隊全都輸了。驕兵必敗，商場上也一樣，商場上有很多東西看起來要贏，結果都輸掉了，因為你不夠重視。我們做企業的，每天都像是如履薄冰般，每一天，對每一個專案，對每一個過程都要非常仔細認真。所以請大家注意，不管你擁有多少議案，永遠要把對手想的更強大一點。」

驕兵必敗，商場如戰場。噴泉的高度不會超過它的源頭，任何時候，都不要輕視自己的競爭對手，對手很強大，一著不慎滿盤皆輸，永遠要把對手想的強大一點，並針對他們的強大相對的制定和調整競爭策略。

伯特・郭恩達當上了可口可樂的CEO後告訴員工：「我們的競爭對象不是百事可樂，我們需要做的是在那塊市場上提高佔有率，要占掉市場剩餘的

水、茶、咖啡、牛奶及果汁等。當大家想要喝一點什麼時，就應該去找可口可樂。可口可樂要將市場份額指標納入到世界液體飲料市場上來。」為此，可口可樂採取了一些新的競爭戰略，如在每個街頭擺上販賣機，結果銷售量節節上升，再次將百事可樂遠遠拋在了後面。

孔子曰：「欲得其中，必求其上；欲得其上，必求上上。」如果你要求中游，就必須按照上游的要求去做；如果要求上游，就必須要用上上游的標準去努力。一個人的成就不會超過他的信念，把成功的標準定高一點，用高標準要求自己，才能出類拔萃。

那些成功的政治家、著名的企業家、優秀的藝術家、傑出的科學家、創造紀錄的運動員等都有一種一般人所沒有的成就動機，求上、求優、求高，高標準的要求自己，並且付出了常人難以想像的努力，使自己一步一步向目標前進。「欲得其上，必求上上」是一種高瞻遠矚、積極進取的心態，是一種永不停頓的滿足。

電腦行業龍頭企業聯想的前總裁柳傳志常常掛在嘴邊的一句話就是：「聯想要做百年老字號！」將自己的企業辦成「百年老字號」並不是每一個企業家都有勇氣立下的目標，尤其是在大陸科學技術還處於相對落後的國情下，誰還敢說創百年老字號呢？但柳傳志敢。

針對當時不少人對大陸電腦產業「紅旗到底能打多久」的疑問，柳傳志在各種場合都闡述了同一個觀點：聯想應該是一個長久性的公司。對於聯想來說，立長志是第一位的，聯想絕不做短跑運動員：今年的利潤很高，明年就垮掉。

一九九五年十一月三十日，聯想惠州板卡基地舉行開業典禮。在這個本應歡慶的日子，柳傳志結合聯想的志向與當時的形勢發表了一篇語氣頗為沉重的演講：

「對於我們來說，現在正面臨著大兵壓境。我們曾經面臨過八國聯軍，現在則變成了十二國聯軍、三十六國聯軍，這種感覺之所以如此沉重，是因

為我們還來不及壯大自己就必須承受重壓。我們現在是科技不如人家，獎金不如人家，基礎不如人家，人才、獎金、實力統統不如人家，這個仗怎麼打？民族工業到底怎樣生存？現在我們還沒有體會到收穫的喜悅，但我們堅信今後會有收穫！因為我們心中畢竟有一口氣——中華民族要求進取的志氣！」

「扛起民族工業這杆旗，將聯想辦成百年老字號，逐步融入國際競爭」，這就是聯想的戰略目標，也是柳傳志的志向所在。

提到柳傳志的志向，就不能不說起聯想創業階段的第一次「年終分紅」。一九八五年底，聯想集團的前身——中科院計算所公司的二十多名員工以「賣苦力」的方式賺到了七十萬人民幣和七萬美元。按規定，這筆錢當中的一部分可以作為「紅利」分配給每個員工。並且根據當時中國人的收入，這筆紅利對每個人而言都是很大的一筆收入，是相當具有誘惑力的。

在年終會議上，聯想的創業者專門就這筆錢的分配進行了一次討論。有人主張分掉，有人主張存起來……柳傳志始終沒有表態，等到大家都發表了意見，柳傳志站了起來：「首先，大家都清楚，這筆錢是大家流血流汗賺來的，對於它的處理一定要慎重。其次，我們辦公司的目的是什麼？是為了改善一下生活條件嗎？還有，我們想不想得到長遠發展？我們的『中文卡』靠什麼去開發，推廣？」

短短的幾句話，撥雲見日，把大家的意見歸為統一。正是在這次會議上，柳傳志第一次明確提出了更大更強的志向。

像柳傳志一樣，我們應該把目標定得高一點，即使最終可能達不到高的目標，但也能達到比這個目標低一點的目標。比如，你的目標是一百分，並且你能按照一百分的標準去努力，那麼，最終就算得不到滿分，至少也能得個八九十分吧！

生活中，我們還要培養「欲得其上，必求上上」的心態，以更高的目標要求自己，不要只是朝著阻力最小的方向行事，只會「和老鼠比較」，那樣

只會使你成為大多數的普通人，而不是第一流的人物。不論從事什麼職業，你都要明白：使你成功或失敗的不是某種職業，而是你對自己以及職業的態度。只有向更高更遠的目標看齊，只有追求卓越，你才能優秀。

建立自我，追求忘我

建立自我，追求忘我。——馬雲

馬雲在向李嘉誠討教成功之道時，李嘉誠跟馬雲說了這樣一段話：一個成功的人應該是一生都在追求「建立自我，追求忘我」的境界。「建立自我」就是在任何的情況下，都要堅持自己，做一個真實的自己，做自己喜歡的事，肯定自我，決不動搖，對自己始終充滿信心。然後，在追求自己理想的過程中做到忘我的境地，要真正完全的將自己奉獻出去，這樣你的價值才會真正體現出來。

馬雲非常認可這八個字，在他看來，一個人想真正成功，就應該這麼去

考慮問題，為了忘我的精神，建立自我的一種原則。把自己看輕，把利益看輕，把「私」字看輕。

在《贏在中國》第一賽季晉級賽第三場，馬雲在點評參賽選手陳潔的時候，再次重申了這八個字的內涵：

「重要的不是這場比賽的贏，而是未來的贏。從直覺上來講，我最信任你，做為投資者，我願意把錢給你。你明白自己要什麼，比較實在，我覺得投資者都需要實在，但是對於你的商業模式，我們確實沒有聽得太清楚。最後給你一些建議：建立自我、追求忘我。你有自己的個性，你必須忘掉自己，上一個公司是因為什麼原因讓你離開？可能是利益。創業過程中一定要把自己的利益拋開。」

李嘉誠曾經說過，他一輩子所做的事情就是這八個字：建立自我，追求忘我。他這樣說著，也確實是這麼做的。

在辛勤與勞苦中李嘉誠度過了青年時代。這段時光他學會了觀察，學會了待人，學會了處事，更學會了如何謀生。事業剛剛起步的李嘉誠一直在思考，如何讓自己的企業興旺發達？如何讓自己更好的管理企業？工作中的任何危機都擋不住他前進的步伐，他的智慧讓他成為一個強者。憑著自身積累起來的知識與經驗，憑著誠實的品質，他同公司與員工一起成長。他在工作與生活中建立起了自我，一個優秀的自我。

終於，他的理想實現了，他的企業成功了。然而，志向有高遠，理想有遠近，企業的成功並不能阻礙李嘉誠思想的再次昇華。

二〇〇五年九月二十五日，李嘉誠說出了他無我的理想：「我相信有理想的人富有傲骨和誠信，而愚昧的人往往被傲慢和假像所蒙蔽。強者的有為，關鍵在我們能否憑仗自己的意志堅持我們正確的理想和原則；憑仗我們的毅力實踐信念、責任和義務，運用我們的知識創造豐盛精神和富足的家園；我們能否將自己生命的智慧和力量，融入我們的文化，使它在瞬息萬變的世界中能歷久彌新；我們能否貢獻於我們深愛的民族，為她締造更大的快

樂、福祉、繁榮和非凡的未來。」

在汕頭大學與學子們的交流中，李嘉誠用詩一般的話語闡述他追求無我的精神境界：

「當你們夢想偉大成功的時候，你有沒有刻苦的準備？當你們有野心做領袖的時候，你有沒有服務於人的謙恭？我們常常都想有所獲得，但我們有沒有付出的情操？我們都希望別人聽到自己的聲音，我們有沒有耐心聆聽別人？每一個人都希望自己快樂，我們對失落、悲傷的人有沒有憐憫？每一個人都希望站在人前，但我們是否知道什麼時候甘為人後？你們都知道自己在追求什麼，你們知道自己需要什麼嗎？我們常常只希望改變別人，我們知道什麼時候改變自己嗎？每一個人都懂得批判別人，但不是每一個人都知道怎樣自我反省。大家都看重面子，但是你真的瞭解尊重的涵義嗎？大家都希望擁有財富，但你知道財富的意義嗎？各位同學，相信你們都有各種激情，但你知不知道什麼是愛？」

內心的強大才是真正的強大，內心的偉岸才是真正的偉岸。企業如何屹立不倒，民族何以長盛不衰，李嘉誠「建立自我，追求無我」的精神理念不僅是督促自己前進的動力，同時也與所有的青年人，與所有的中國人共勉。

一個人需要經歷多少歲月才能一步步的從建立自我走向追求無我？多數的中國人在自我的面前駐足，健康、平安以及家庭的和睦，這些已是我們追求的最高目標。

然而，讓美國強大起來的民族精神卻是建立自我、追求無我。班傑明．富蘭克林就是一個鮮明的例證：

一七〇六年富蘭克林生於波士頓，家境清貧，他沒有接受全面完整的教育。然而，憑藉著自學的精神，他汲取各方面的知識。他十二歲當印刷學徒，一七三〇年接辦賓州公報，期間，他以《窮理查年鑑》一紙風行，成為除了《怪經》外最暢銷的書。使他在事業上獲得了很大成功。

做好事、做好人是驅動富蘭克林終生的核心思想，他極希望自己做的每

一件事，均有益於社會，或有用於社會，身體力行為後人謀取幸福。他對別人的關心，富於美德的生活方式，以及他對公共事業的熱心和能力很快贏得了當地居民的信任。他曾經立下志願，凡是對公眾有益的事情，不管多麼困難，都要努力承擔。自一七四八年始，他開展了不同的公共建設，包括建立圖書館、學校、醫院，等等。

名成利就後的他從未忘記幫助年輕人找到自己增值的方法，在他《給一個年輕商人的忠告》的文章裡，他很實際的名句「Time is money，credit is money」，將時間和誠信作為錢能生錢可量化的投資。在《財富之路》一文內，富蘭克林清楚簡單的闡述，勤奮、小心、儉樸、穩健是致富之核心態度。

勤奮為他帶來財富，儉樸讓他保存產業。富蘭克林十三個人生信條他都寫得簡明扼要，生動活潑，很受當地人們的歡迎，節制、緘默、秩序、決心、節儉、勤勉、真誠，正義、中庸、清潔、平靜、貞節、謙遜幾乎全可作為年輕人的座右銘。

美國獨立戰爭期間，他曾出使法國，爭取法國的支持。他的傑出工作，贏得了法國人民對美國人民的同情與支持，為獨立戰爭的勝利作出了貢獻。

制憲會議一開始，德高望重的富蘭克林就表現出了一個政治家的博大胸懷。一七八七年五月二十五日，賓夕法尼亞代表團提議由華盛頓擔任大會主席，並得到了一致同意。雖然那天富蘭克林因故沒有出席，可是提名華盛頓將軍的，卻是富蘭克林本人。後來當上美國總統的麥迪森在他的筆記裡寫道：「這項提名來自賓夕法尼亞，實為一種特殊禮遇，因為富蘭克林博士一直被認為是唯一可與華盛頓競爭的人。」此時的富蘭克林已經八十一歲。雖然年事已高，富蘭克林堅持留給制憲會議的絕非是名譽高位，而是胸襟、智慧和愛國精神。

一七九〇年，這位為教育、科學和公務獻出了自己一生的人，平靜的與世長辭。在他墓碑上只簡單刻著「富蘭克林，印刷工人」。

富蘭克林的一生是建立自我，追求忘我的一生。他的這樣人生境界獲得了人們的高度讚譽。美國人民稱他為「偉大的公民」，歷代世人也都給予他很高的評價。

在現實社會中，觀念和價值制度充斥著互不融合和相互矛盾，然而實現社會真正的關鍵就在於每一個人的「至誠」，當每個人在建立自我成功的同時，永遠不要忘記追求無我，常常抱著為民族和人類作出貢獻的良願，當有能力及有意願對社會竭盡一己之責，必能創出希望和有效的變革，打造一個真正公平、公正，充滿自由動力和快樂和諧的社會。

「建立自我，追求忘我」是一種境界，是需要在活著的全部歲月裡用真心和真情去感受去實踐。

在各種對夢想實現有益的項目中，我們應該想清楚，哪一步才最關鍵，才是最緊迫，最能給以下一步支點的，想好後就不要再四處旁騖，一定要專心做好做完這個項目，再接受下一個項目，追求下一步。否則，往往容易出現四處奔走而一事無成的情況，事倍功半。

而如果你真的做到一生追求「建立自我，追求忘我」，你就會成功，或者說，你不可能不成功，這是你唯一會到達的地方。

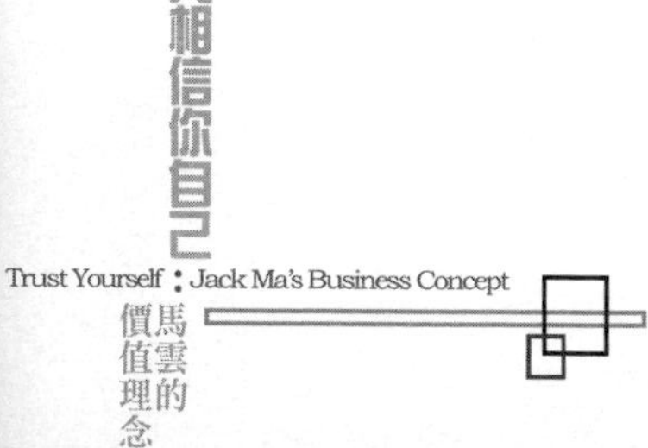

激情讓你無往不利

激情來得快，去得更快。你可以失敗，可以失去一項產品，但是你不能放棄。一個員工第一天晚上很晚下班，疲憊地離去；第二天一早，他又笑著回來了，這就是激情。做任何事情必須要有激情，沒有激情什麼事情也做不好。阿里巴巴的六脈神劍第一條就是激情。——馬雲

做市場的最高目標是讓對手望而生畏、覺得高不可攀。只有讓對手望而生畏、覺得高不可攀，才能使競爭變得簡單，讓對手不敢「拿雞蛋碰石頭」。要知道，「大雞蛋」也碰不過「小石頭」。唯有如此，才能長期穩定的佔領市場並獲取穩定的利潤。因此，讓對手望而生畏的市場是最安全的市

場。

讓對手望而生畏的一個有效手段就是保持激情。亞瑟・伯都德曾說過：「追隨你的激情，成功就會隨之而來。」成功的人士必定是時刻對工作抱有滿腔熱情的人。沃爾特・克萊斯勒也說：「成功的真正祕訣是激情和熱誠。」工作中，始終保持工作激情是充分施展自己能力的最佳途徑。只有時刻保持工作激情，才能全力以赴，把自己的能力發揮到極致。

馬雲奉行激情人生，崇尚激情創業、激情創新、激情冒險。他是一個激情四射的創業者，是一個偉大理想的佈道者，是一個輝煌夢想的鼓吹者。馬雲善於用激情感染團隊，感染事業。

阿里巴巴是一支年輕的團隊，他們的平均年齡只有二十七歲。阿里巴巴又是一支充滿激情的團隊，是激情使他們晝夜苦幹，是激情使他們熬過寒冬，是激情使他們創造一個又一個奇跡。

阿里巴巴最鮮明的一個特點就是激情澎湃。假如你有機會到阿里巴巴公司逛一逛，假如你有機會參加他們的年終慶典，你一定會被他們的激情感染。

阿里巴巴的激情來自何方？來自馬雲的激情感染。在外人看來，阿里巴巴的幾百名員工就像一鍋沸水，就像一顆瘋狂的陀螺。是馬雲點燃了阿里巴巴團隊的激情，也造就了阿里巴巴持續成功的激情神話。永遠不缺少激情的馬雲相信，天下沒有不能打敗的對手，即便競爭對手是一個領域內的傳奇人物、神話人物。

創業之初，馬雲只有三十歲。那時他自己就是一個充滿激情的青年，帶著一幫比他更年輕的二十多歲的青年團隊在網路江湖上拼殺。馬雲用激情感染團隊引導團隊，把他身上長盛不衰的激情感染到團隊中每一個人，漸漸的使團隊裡的中青年也像他一樣激情洋溢。

馬雲永遠是團隊中信念最堅定的一個，初創的艱難時期如此，後來遭遇寒冬時也如此。

馬雲說：「我們一定能成功。就算阿里巴巴失敗了，只要這幫人在，想做什麼一定能成功！」「我們可以輸掉一個產品，一個專案，但不會輸掉一個團隊！」

馬雲認為：「判斷網路公司好壞的依據有三個：第一是團隊；第二是技術；第三是觀念。一個公司是不是優秀，不要看它裡面有多少一流大學畢業生，而要看這幫人工作時是不是像發瘋一樣，看他們每天下班是不是笑眯眯的回家。」

在整整半年的時間裡，湖畔花園那套普通的住宅變得神祕莫測。那裡徹夜燈火通明，那裡總是有人進進出出，那裡總是人聲鼎沸。

十年過去了，馬雲已經到了不惑之年。阿里巴巴團隊由於不斷補充新鮮血液，平均年齡仍然保持在二十七歲左右。站在這幫比他年輕十幾歲的阿里巴巴新一代面前，馬雲一點也不顯得老，他依然激情如故。

這就是馬雲，一個喜歡夢想、富有激情，經常沉浸在構築童話的夢想

中，並為自己的夢想激動不已、激情四射的人。也正是靠他對事業的激情，他所帶領的阿里巴巴、淘寶網等才有今天的成就。在互聯網商務領域，讓競爭對手望而生畏。

Radio Shack公司董事會主席兼首席執行官雷昂納德．羅伯茲說：「具有激情的人會把事情做得更好。對於一個真正的領導，激情會滲透到他身體的每一個細胞，激情無所不在，它會以自己的方式展現，而且感染別人。」大凡成功人士和優秀的員工都是充滿激情的工作者，也是能用自己的激情帶動別人的人。成就微軟神話的比爾．蓋茲就是一個最好的例子。

比爾．蓋茲天生就是一個充滿激情的工作狂。他的祕書米麗亞姆．盧寶發現自己的老闆工作極為努力，每星期工作七天，從不休息。有時，他一連好幾天都不離開辦公室。

當她早晨來上班時，常常發現他睡在辦公室的地板上。當比爾一個人的時候，他時常忘記吃飯，所以米麗亞姆開始像一個母親那樣關心他，提醒他去吃飯，常常在中午飯的時候給他帶漢堡。當他會客時，米麗亞姆看著時間，主動的來提醒他：「比爾，你們快停一停，先吃午飯吧，客人們可能餓壞了，現在已經下午兩點鐘了。」

微軟的工作氛圍感染了米麗亞姆，米麗亞姆把公司絕大部分的管理工作都包下來了，同時她還盡可能讓那些程式編制人員在最舒適的環境中工作。

有人好奇便問比爾．蓋茲，為什麼對工作如此有激情。比爾．蓋茲說：「每天早晨醒來，一想到所從事的工作和所開發的技術將會給人類生活帶來的巨大影響和變化，我就會無比的興奮和激動。因而，我就會充滿著興奮的激情投入到一天的工作中。」

由此可見，對工作充滿激情對一個人事業的成功有多麼重要的影響。對於一名員工來說，激情猶如生命。

憑藉激情，我們可以釋放出潛在的巨大能量，發展出一種堅強的個性；憑藉激情，我們可以把枯燥乏味的工作變得生動有趣，使自己充滿活力，培養自己對事業的狂熱追求；憑藉激情，我們可以感染周圍的同事，讓他們理解、支持自己，從而擁有良好的人際關係；憑藉激情，我們更可以獲得老闆的提拔和重用，贏得成長和發展機會。

成功的真正祕訣是激情和熱誠。工作中，始終保持工作激情是充分施展自己能力的最佳途徑。只有時刻保持工作激情，才能全力以赴，把自己的能力發揮到極致，也才會產生持久的動力，支持你一步步走向成功。

敢做別人沒做過的事情

一個人不能沒有一點浪漫主義、理想主義精神。——馬雲

馬雲的電子商務，要做的是「人類沒有做過的事情」。曾擔任世界貿易組織總幹事的薩瑟蘭先生說道：「阿里巴巴正幫助全世界的企業在互聯網時代實現WTO的夢想，阿里巴巴將從根本上改變中小企業進行國際貿易的方式。」

企業對企業（Business To Business）是企業與企業間透過互聯網進行產品、服務及資訊的交換行為。傳統的企業間交易需要耗費大量資源和時間，無論是銷售還是採購都要投入巨大的產品成本。而企業對企業的交易方式，

買賣雙方能夠在網上完成整個業務流程。

阿里巴巴剛建立時，馬雲就想做中小企業的解救者。因為亞洲是出口導向型經濟，是全球最大的出口供應基地，中小供應商密集，但眾多的小出口商由於管道不暢而受制於大貿易公司。因此，只要這些小公司登錄阿里巴巴網站，就可以被帶到美洲、歐洲等更廣闊的市場。

以服務中小企業為主的模式，是馬雲的獨創。馬雲不願意去模仿那些已經成熟的企業的做法，他要找到屬於自己的那條路。有人認為，與其他電子商務企業一樣，阿里巴巴企業對企業依然處於電子商務發展的初級階段，這由電子商務整體所處的發展環節決定。實質上，阿里巴巴最終希望實現的是一條中小企業共生共榮的生態鏈，完成馬雲的「liveat Alibaba」藍圖的描繪。阿里巴巴企業對企業的最大優勢在於其遙遙領先的龐大客戶群，以及多年積累的強大的客戶服務能力，這使它的平臺更為成熟。

事實上，平臺和社區一直是阿里巴巴商務模式中的「關鍵字」。基於中國的土壤，建立中國式的平臺和社區，為中國商人服務，這是馬雲成功的重要因素。而這種平臺的延伸趨勢，也使得馬雲的「中國製造——中國銷售」變身為「全球製造——全球銷售」。

除了企業對企業業務，馬雲還有一張王牌，就是C2C業務。C2C是一種消費者對消費者的網上交易模式。它透過為買賣雙方提供一個線上交易平臺，使賣方可以主動提供商品上網拍賣，買方可以自行選擇商品進行競價。C2C無須交稅，無須雇用員工或花錢宣傳，只需一台電腦、一條網路線，甚至不需有實體店鋪，只需一個倉庫或可以即時提貨的地方，亦可每月上交不過百元的管理費申請一間網路店鋪，人人都可擁有一份可以隨時帶來財富的職業。正如馬雲所說：「它是一個市場，誰有東西都可以上來吆喝。」

二〇〇三年，馬雲殺入被eBay（中國）壟斷了百分之九十份額的中國C2C市場，推出以免費為號召的淘寶網。創辦淘寶網時，馬雲將eBay易趣定義的「個人拍賣」改為「個人交易」，重新定義了C2C。在企業對企業方面，馬雲正逐步將阿里巴巴由為中小企業提供線上交易平臺的初級服務，轉變成為中小企業的生態鏈提供服務的更高級企業對企業業務。不僅提供資訊流、物流和資金流的服務，還在中小企業最急缺的線下展會、貸款融資、資訊化管理等方面提供更加全面的增值服務。

在C2C方面，馬雲投入一百億元改造電子商務產業生態鏈，推動人們透過互聯網創業，推動中小企業將自己的企業搬到互聯網上。這一舉措讓阿里巴巴的C2C業務更加活躍，讓更多的消費者成為網上淘金的老闆。

馬雲透過對大陸中小企業發展狀況的研究，瞭解大陸廣大消費者的根本需求，準確預測大陸未來的發展趨勢，避開為大企業服務的激烈競爭，建立了只為中小企業服務的商務平臺，開拓個人使用者的交易業務。

阿里巴巴和淘寶網是馬雲所說的「做別人沒有做過的事」的最好寫照，而透過它們馬雲的「讓天下沒有難做的生意」的夢想正一步步得到實現。

《圍爐夜話》中指出：「為人循矩度，而不見精神，則登場之傀儡也；

做事守章程，而不知權變，則依樣之葫蘆也。」規則和紀律一定要遵守，但這絕對不應該成為你墨守成規的藉口。標新立異的人，向著灑滿陽光的大道走去。他們不會去做已有很多人在努力做的某項工作，也不會用別人所用過的方法，他們只是做著他們自己的事。

一八一七年，瑞典化學界傳出喜訊：又發現一種新元素——鋰！

在化學上，發現一種新的元素，被人們視作莫大的榮譽。這次榮譽的歸屬者，是年僅二十五歲的瑞典化學家阿弗韋得生，歐洲化學界泰斗柏齊流斯的學生。

阿弗韋得生是瑞典人，喜愛化學。二十歲時，成為名師柏齊流斯的學生。

有一天，阿弗韋得生告訴導師他想做些化學分析工作，並坦言希望能做些別人還沒有做過的事情。

柏齊流斯沉思片刻，說道：「這樣吧，實驗室裡有一種礦石，它採自我

們國家的他桃島，至今還沒有人專門研究過它的組成成分，你就從這塊礦石開始做些分析工作吧！」

於是，阿弗韋得生開始用化學方式分析這塊礦石的化學結構。不久，他在分析中發現這塊礦石由氧化矽和氧化鋁組成。為了確證這一認識，阿弗韋得生進行了更為認真細緻的分析。結果卻讓他感到意外，這幾種元素的含量為百分之九十七，和整塊礦石的總重量相差百分之三。而且，緊接下來的幾次重複分析結果一再表明氧化矽、氧化鋁的含量確實與礦石的總量不相符合，誤差仍為百分之三。

在進一步的分析中，阿弗韋得生發現這剩下的百分之三的元素，表現出來的特性與鉀、鈉、鎂的特性很相似。為了鑒定它究竟是鉀、鈉還是鎂，阿弗韋得生把苛性鉀加入到硫酸鹽中，然後進行認真觀察，硫酸鹽並沒有溶解。如果是鉀，那麼硫酸鉀加氯化鉑能夠產生沉澱。但是他往硫酸鹽中加入氯化鉑後，並沒有發現任何沉澱產生。

「看樣子，它一定是鈉了。」他再次把這種金屬的硫酸鹽放在水中溶解，卻意外的發現它的溶解度與鈉的硫酸鹽不符。

「難道是我弄錯了？」阿弗韋得生有些不信，他又想出了另一種證明的方法：按照鈉的原子量，以氧化鈉計算礦石的百分比含量，結果發現超出礦石總重量達百分之一百〇五。

「這是怎麼回事？」這回阿弗韋得生真的困惑了。冷靜下來之後，他忽然想到：「莫非這是一種新的元素？」

阿弗韋得生把實驗分析的情況彙報給導師，師生共同探討後一致確證：這是一種新的元素！根據柏齊流斯的建議，這種金屬被命名為「鋰」，這種礦石則因此得名叫「透鋰長石」。

踩著別人的腳印走路，雖然會走得很順暢，但很少能夠發現奇蹟。無限風光在險峰，王安石在《遊褒禪山記》裡曾這麼說過，平坦而又近的地方，前來遊覽的人便多；危險而又遠的地方，前來遊覽的人便少。但是世上奇妙雄偉、珍異奇特、非同尋常的景觀，常常在那險阻、僻遠，少有人至的地方。我們做事要像馬雲那樣有點個性，不走尋常路，做別人沒有做過的事情，我們得到的驚喜才會多多。

創業有時需要一點瘋癲勁

我瘋狂，但絕不愚蠢——馬雲

二〇〇三年馬雲在接受《財富人生訪談》時說：「被看做騙子的時候也是有的——我們剛好可能是中國大陸最早做互聯網的，一九九五年大陸還沒有聯通互聯網時，我們已經開始成立一家公司在做了。人家覺得你在講述一個不存在的東西。而且我自己學的不是電腦，我對電腦幾乎是不懂的，所以一個不懂電腦的人告訴別人，有著這麼一個神祕的網路，大家聽暈了，我也說瘋了。最後有些人認為我是個騙子。我記得第一次上中央電視臺是一九九五年，有個編導跟一個記者說，這個人看上去就不像是一個好人！

「那時候我在拼命的推廣互聯網，在最瘋狂的時候大家開始『燒錢』。別人一定會認為：做電子商務的人只會燒錢，不會做事，所以那時候被當做瘋子。

「現在是傻子——這兩年你看我們非常執著，我們在做這個公司的時候，是不在乎別人怎麼看的。我永遠只在乎我的客戶怎麼看，只在乎我的員工怎麼看，其他人講的我都不聽。所以人家說你這個人真傻，人家都轉型了，你為什麼還不轉型！」

二〇〇三年左右，對馬雲的形容又有了一個新詞彙——三子登科，這源於馬雲的自我形容：八年前開始做這個商務網站的時候，別人那會兒說你是騙子；五年前拼命燒錢的時候，是瘋子；現在如果還在做這個電子商務網，那是傻子。

這似乎正好是馬雲創業歷程的三部曲，騙子——瘋子——傻子，看起來不同的歷史階段有不同的角色，但是，貫穿下來，有一點是沒變的，那就是馬雲的目標：讓商人透過阿里巴巴做生意。正如王石回答「為什麼要登山」一樣，他說：「因為山在那兒。」

創業路上有否當過騙子——被人誤解，當過瘋子——狂熱的激情，當過傻子——執著，最關鍵的是，你的目標是否清晰。

正如馬雲所說的，創業者都是瘋瘋癲癲多一點。這種瘋癲，來自於理想主義的激情。甚至連馬雲自己也說：「我覺得，我們這個公司為什麼能活下來，就是因為我們理想主義色彩比較濃。十年來，大陸的互聯網非常艱辛，基本上是三條戰線：門戶、遊戲、電子商務。我們到底要做什麼？我們的定位是什麼？

「第一，做門戶不是我們的強項，我們更偏向商業。第二，現在做遊戲的太多了。我身邊很多的人迷遊戲，包括成人和孩子。我覺得問題大了。我在全世界考查電子商務和互聯網的時候，我發現遊戲生產最大的國家是美國、日本、韓國，但他們的遊戲是用來出口的。沒有一個國家把遊戲作為一個主要的文化產業來發展。我覺得遊戲只能在一個時間不值錢的國家裡發展。這一塊不能做。第三是電子商務。電子商務最難做，簡直是最不可思議。大家現在想想，一九九九年，二〇〇〇年、二〇〇一年，在那個時代，你能找到一個理由說做電子商務會成功嗎？

在沒有收入的時候，我們的心裡很慌很慌。但在我們最困難的時候，每天都收到大量的郵件，很多企業表達謝意，說我們幫助他們賺到了錢。我們始終覺得只要客戶賺錢我們就能賺錢，所以堅持下來了。

「幫助我們渡過困難期的還有員工。我特別感謝我的同事。到現在為止，沒有一種程式是我編的，沒有一個產品是我設計的，沒有一個廣告是我做的，沒有一個財務的預算是我做的，但是公司發展得越來越大。

「我常常講，希望我們公司是藍藍的天，腳踏實地的大地和透明的空氣。希望我們的員工加入這個公司永遠不要擔心稅務局來查帳，不要擔心工商局來敲門說我們違法，不要擔心警察來捉人，所有的員工都會在心裡感到踏實。

「透明的空氣可以讓工作充滿創新。公司裡的任何制度，只要你敢問，我就敢答，沒有任何隱瞞。我覺得外面怎麼看你不重要，你自己怎麼看這個世界最重要。假如你不能讓你的員工堅信你所宣導的這一切是為了完善這個社會，一切的努力是為了讓員工成長起來，那企業是不可能做好的。」

創業的過程絕不可能是一帆風順的，如果沒有無與倫比的創業精神，沒有堅強執著的理想主義激情作為支撐，是很難在激烈的競爭中勝出的。唯有保持持久的激情，甚至有點瘋瘋癲癲的執著，才能守得雲開見月明。

畢業於解放軍汽車管理學院、西安陸軍學院的孫廣信曾任烏魯木齊陸軍學院教官。一九八九年轉業後，孫廣信創辦烏魯木齊廣匯工貿實業有限公司。現任新疆廣匯企業有限責任公司董事長、黨委副書記、總經理，新疆廣匯石材股份有限公司董事長。

在孫廣信身上你仍可感受到他身上軍人的正氣和部隊軍官的睿智。他曾

說：「對軍人來說，沒有拿不下來的山頭，沒有不敢啃的硬骨頭。作戰時只有攻其最弱，才會取得勝利。無論商場還是戰場都是一樣。」從軍十年是他生命中最重要、最寶貴的一段時光。孫廣信坦承這種理念成為貫穿他今後企業最基礎、最根本的東西。在軍旅生涯中他養成了軍人的幹練氣質和堅韌作風。

想起自己的創業史，孫廣信感慨萬千：「我的將軍夢沒有實現，我抱怨過、失落過，可是我在商場上的成功卻從很大程度上得益於我的十年軍人生活。」孫廣信認為，他的成功並不是靠運氣，他說過，自古以來沒有天上掉餡餅的事，有一份努力給一份回報。

一九九〇年初，孫廣信剛剛在新疆辦起企業之時，還處於事業的起步階段。那時候新疆有一個傳統的觀念，就是不能和民營企業打交道，孫廣信發誓：「我一定要用三年的時間，讓新疆接納我。」在這樣的信念下，孫廣信很快獲得了成功，贏得了大漠裡的第一桶金。

激情創造事業，事業激發激情，沒有激情的創業就是沒有效率的創業。當你渾身充滿激情的去為自己創業時，你會感到渾身充滿力量，總有使不完的勁。你會發現你的大腦是如此的聰明，你有那麼多的智慧。你廢寢忘食，你會發現你的效率是如此的高。這一切，都源於你的激情。特別是你第一次創業，你會感覺你的效率要比原來上班時高好幾倍。

英特爾創始人、董事會主席安迪．格魯夫在其著作《只有偏執狂才能生存》一書中說：「這是偏執狂才能成功的時代，只有偏執狂才能生存！」他表示，只要涉及企業管理，他就堅信偏執萬歲。企業的繁榮之中孕育著毀滅的種子，你的企業越成功，注視著的人就越多，他們把你的生意一刀一刀的割下，直至最後一無所剩。做為一名管理者，最重要的是要以偏執狂的姿態去思考任何事情，從而擊敗對手的陰謀。

毋庸置疑，創業者要想取得成功，是需要一點「瘋狂」的。成功者都是偏執狂，這也是為什麼成功的人只有百分之三的緣故，而「偏執」中就有瘋

狂的因數。當然，我們應該認識到，這種瘋狂不是指盲目的偏執，它代表的是一種大膽的想像、堅定的忘我和專注的執著。

把自己的主要精力和時間放在熱愛的事業上，最終利用聚焦原則把能量發揮到最大，取得的效果也會最佳。馬雲的瘋狂無疑就是這一種，這也是年輕的創業者應該從馬雲身上學習的一點。

短暫的激情只能帶來浮躁

短暫的激情只能帶來浮躁和不切實際的期望，它不能形成巨大的能量；而永恆持久的激情會形成互動、對撞，產生更強的激情氛圍，從而造就一個團結向上，充滿活力與希望的團隊。——馬雲

阿里巴巴企業文化中關於「激情」的闡述是：樂觀向上，永不言棄；對公司、工作和同事充滿熱愛；以積極的心態面對困難和挫折，不輕易放棄；不斷自我激勵，自我完善，尋求突破；不計得失，全身心投入；始終以樂觀主義的精神影響同事和團隊。

關於激情，馬雲曾這樣說過：「短暫的激情只能帶來浮躁和不切實際的

期望，它不能形成巨大的能量；而永恆持久的激情會形成互動、對撞，產生更強的激情氛圍，從而造就一個團結向上充滿活力與希望的團隊。

永不言敗，永不放棄，不僅是對公司而言，更是對公司裡的每個同事而言，是對自己人生和職業生涯的一種態度。一個有追求的人會不斷喚醒自己的激情，並用自己的激情去影響四周的人；得過且過不是阿里人崇尚的作風！」

在阿里巴巴內部經常會出現「裸奔」的場景，這是阿里巴巴員工們在用特別的方式慶祝業績上的勝利、展現自己的工作激情。一次，在淘寶交易額衝過目標值時，某部門雇員在部門經理帶領下愉快「裸」奔，男生脫掉上衣，甚至只剩下一條內褲。

一位「銷售冠軍」在一個寒冷的冬日跳下了西湖，因為他和馬雲以年終業績為賭注，而他差之毫釐失敗了。每次阿里巴巴前行宴會等活動，總能看到管理階層的人在「群魔亂舞」，員工的情緒被最大限度的調動。有一次在阿里巴巴的慶功會上，馬雲一會兒扮成維吾爾族的姑娘，一會兒扮江南小城的普通漁夫；而阿里巴巴的首席財務官蔡崇信，這個被認為不好說話、極其嚴肅的人，曾穿上女人的絲襪、在眾目睽睽下跳起纏綿的鋼管舞……

馬雲和阿里巴巴的員工靠著這種在外人看來近乎瘋狂的激情，形成了強而有力的團隊凝聚力，大家向著共同的目標大踏步向前。

馬雲說：「激情來得快，去得更快。你可以失敗，但你不能放棄。激情是可以傳遞的。這樣一來，整個公司的氛圍就變好了。」

在《贏在中國》第一賽季晉級篇第五場中，來自美國的工商管理碩士、電子工程碩士陳躍武直接被馬雲當掉了，出現這樣的結果很令人吃驚，因為陳躍武也是帶著周詳的計畫、創業的激情來到這個賽場的。

馬雲是這樣陳述自己這樣做的理由的：「第三位選手陳躍武，我很想坦然坦率的跟你講，你最好別創業。聽起來很難受，但是剛才吳鷹也講了，創業很累，創業的失敗率很大很大。從你的性格，我覺得你比較適合做一個工

程師，或者是參與一個比較適合已經成為創業成功的團隊裡面承擔一定的工作，因為你太有條理、太過理性，以及你太過溫文爾雅，創業者都是瘋瘋癲癲多一點的。如果你真的要創業，我建議你MBA畢業以後先找一份工作，到大陸來做個五年，五年以後還想創業，你再創業，五年以後一般會消滅掉很多創業的想法，你這個專案什麼時候需要熊總、吳總跟我們投資的時候，你已經找的一千個客戶每人付你三百美金的時候，我們再好好談一談好不好？」

被人當面否定是很尷尬的，但馬雲這樣說是有根有據的。在參賽的三十六強及一百零八強的選手中，陳躍武幾乎可以說是產品準備最不充分的一個。他的團隊在當年五月才成立，六月初才開始找專案，六月十日前後面試通過進入一百零八強，六月十八日到北京參賽。三十六強的其他選手都有很強的產品，很多人有運營數年的公司，百萬、千萬的營收，產品上的劣勢不言而喻。雖然陳躍武擁有滿腔熱情，想在網上為高端的大陸和美國的商業領導建立一個交流的平臺，但這麼短時間成立的團隊，能否承受的住創業艱辛風雨的洗禮呢？

馬雲一直認為，短暫的激情是不值錢的，只有持久的激情才是值錢的。馬雲的阿里巴巴的創立是從十幾個有激情有理想的年輕人開始的，他們懷抱著一個創建一家偉大的公司的夢想聚集在了一起。

年輕的團隊容易產生激情，但是更容易因為挫折而失去激情，尤其是一件從未有人做過的事，面臨的難度將會更大，將會有很多從未想到過的、出乎意料的困難，而顯然，如果沒有持久的激情，在這些困難面前，退卻是很容易的事。

曾有人做過這麼一個實驗：

將一隻最兇猛的鯊魚和一群熱帶魚放到同一個池子裡，然後用強化玻璃隔開。當開始的時候，鯊魚每天不斷衝撞那塊看不到的玻璃。它試了每一個角落，每一次都是用盡全力，但每次卻總是弄得傷痕累累，有好幾次甚至渾

身破裂出血。鯊魚的激情持續了好久，每當玻璃出現裂痕，實驗人員馬上加上一塊更厚的玻璃。後來，筋疲力盡的鯊魚不再衝撞那塊玻璃了。

再後來，實驗人員將玻璃取走，但鯊魚卻沒有反應，每天仍然在固定的區域游著。它已經失去了最初的激情。

激情來自於人們對事物的強烈興趣和熱衷的表現。創業者的激情包括對事業的激情、對人的激情和對企業目標的激情。激情是催人奮發的力量，它能點燃人生生不息的動力。在對成功的追求上，我們不僅需要激情，還需要把這種激情堅持下來。

已經創立三十多年的軟銀，投資過約八百家互聯網中小企業，在過去十年中的投資回報一百家破產了，但是絕大多數生存了下來，相當一部分如阿里巴巴、雅虎等更是取得了超級成功。在他看來，失敗的企業與成功的企業相比，除了一部分運氣以外，主要的區別在於管理層是否有創業激情。

那些成功的企業憑藉創業激情，總是能夠吸引人才，找到解決困難的方案，渡過難關。

孫正義的這一看法，也是他自己創業以及支持別人創業的經驗之談。他說，自己創業的方式是現有激情，然後設立願景，最後確立戰略。他現在的目標是成立全球最大的移動互聯網企業，亞洲第一的互聯網企業。這個行業的技術變遷是如此之快，幾乎無法預知將來會出現什麼樣的變革，但是他用激情、意志不斷挑戰自己，終於帶來了累累碩果。

有些人剛創業的時候激情萬丈，但是當遇到困難的時候、遭到打擊的時候就立即萎靡不振了。這種短暫的激情是不值錢的，將激情延續下去才能點燃成功的火焰。

激情是一種天性，是生命力的象徵，有了激情，才有了虎虎生威的幹勁，才有了人際關係中的強烈感染力，也才有了解決問題的魄力和方法。

畢業於浙江大學軟體學院的牟明星曾和兩個同學建立了「易書網」，在網上做二手書零售、批發。這在當時是一個相當新潮的創意，可惜這項產品開發出來以後沒有運營起來。

對此，牟明星很遺憾的說：「團隊裡缺乏創業激情，不太堅持得住。」這次慘痛的失敗經歷讓牟明星在後來尋找團隊夥伴的時候格外細心，「就跟找對象一樣，光一方的熱情還真不行。」

激情如果不能持久，那企業就會像煙火一樣絢爛一時，便歸於沉寂。成功來自對事業持久的激情，這種持久的激情讓他在困難面前能夠一如既往的走下去。

創業者的激情一般都是來自挑戰。

大多數創業者總是樂於尋求富有意義的挑戰，希望做的事情能夠挑戰自己的能力極限，從而充滿了激情。

所以如果要將激情保持下去，這就需要不斷調整自己的目標，讓自己在競爭中提升自己的凝聚力，在應對危機中形成自己的獨特風格。

這個世界上沒有二次創業

我不同意二次創業的說法，只要你創業你就一輩子都在創業。

——馬雲

馬雲說，人一輩子都在創業。他不認同「二次創業」這樣的口號，既然從第一天創業起就一直在創業，那根本就不存在「二次創業」的說法。創業的思維已經和他融為一體，正是在這種思想的指導下，馬雲才能永保「零度」狀態，不斷進取。

蘋果公司的創始人之一史蒂夫．賈伯斯就是馬雲「創業理論」的有力證明者。賈伯斯二十歲時就開始創業，在十年間將「蘋果電腦」從一家只有兩個創業者的車庫公司擴展成一家員工超過四千人、市價二十億美元的國際大公司。

但是，令人意想不到的是，賈伯斯三十歲時被自己所創辦的公司炒了魷魚。就這樣，曾經是他生活重心的東西一夜之間就不見了。隨後幾個月，他成為公眾的負面示範，賈伯斯實在不知道要做什麼好，甚至想過要離開矽谷。

既然創業者從第一天創業起，就一直在創業的路上，成功和失敗，對他們來說就沒有明顯的區別。雖然賈伯斯被董事會淘汰出局，但是他一直熱愛的事業並沒有否定他，所以他決定一切從頭開始。

在接下來的五年裡，賈伯斯開了兩家公司，分別是Next公司和Pixar公司。Pixar取得了非常不錯的成績，製作出了《玩具總動員》這部世界上第一次完全由電腦製作的動畫電影。之後，這家公司陰差陽錯的又被蘋果電腦公司買下了，賈伯斯於是又回到了當初的根據地，而Next發展的技術居然成為蘋果公司後來復興的核心。

過程很艱難，但賈伯斯一直保持著創業精神，讓蘋果公司重新接納自己。

失敗可以改變一個人的命運，從頭再來是下一個成功的開始。成功也並非是最終結果，創業者們需要時常告誡自己：既然選擇了創業，就要永保「零度」狀態，創業者一輩子都在創業。

馬雲認為創業者選擇了創業，就必須一直堅持下去。暫時的失敗並不能代表永遠的失利，一時的成功並不能代表將來的成功，只有在理想的道路上堅持下去，才能獲得最大的成功。

最初的時候，有人說阿里巴巴如果能成功，就等同於要把一艘萬噸輪船抬到喜馬拉雅山上。馬雲卻說，他的任務是把這艘萬噸輪船從山頂抬到山下。別人怎麼說，是沒辦法的事，但是自己要明白將要去哪裡，自己能給社會創造什麼價值。

二〇〇二年，是互聯網泡沫破滅得最為徹底的時候。馬雲將阿里巴巴當年的目標定為「活著」，他希望公司員工堅持下去，等待來年春天的到來。到了年底，阿里巴巴不僅奇蹟般的活了下來，並且還實現了贏利。馬雲將這一切歸功於「堅持」，他說，很多人比他們聰明，很多人比他們努力，為什麼他們成功了？一個重要的原因是他們堅持下來了。雖然後來每一個目標的提出，都會招致諸多反對的聲音，但是馬雲就像是一個神奇的造夢者，每一個當初看似不可能實現的夢想後來都一一成為現實。

二〇〇七年十一月六日，阿里巴巴在香港上市，一舉成為大陸最高市值的互聯網公司，這還不包括它旗下的淘寶、支付寶、阿里軟體、中國雅虎口碑網等眾多網站。此外，這次上市還破了多項港股紀錄：香港歷史上IPO認購凍結資金額的最高紀錄、香港歷史上首日上市飆升幅度的最高紀錄、近年來香港聯交所上市融資額的最高紀錄。

阿里巴巴還是全球範圍內自二〇〇四年Google上市以來IPO融資額最高

的科技股，實際融資額達到十六億九千萬美元，超過了當年Google的融資額十六億五千萬美元。阿里巴巴的上市無疑是中國互聯網二〇〇七年度最重要和最有影響力的事件，而這也不過是當初馬雲激勵團隊時提到的一個夢想。正是在「寒冬」期的堅持，正是那股創業不止的精神，才創造出後來的諸多紀錄。

馬雲說當自己到六十歲時，還能和現在這幫做阿里巴巴的夥伴們站在橋上，聽到廣播裡說，阿里巴巴今年再度分紅，股票繼續往前衝，成為全球……馬雲說，只有那時才叫真正成功。

馬雲的這番內心告白，是他過去和將來的最大願望。他告訴我們，成功是一種堅持的成功，創業是一輩子的創業。

馬雲表示：有一天如果自己上了什麼封面，就把自己當做上了一個娛樂雜誌一樣。不要認為那是成功，成功是很短暫的，背後所付出的代價是很大很大的。

在馬雲的心裡，創業之路沒有終點，一直會伴隨創業者的一生，他也一直在試圖告訴創業者們一件事：從創業的第一天起，創業者每天要面對的是困難和失敗，而不是成功。自己最困難的時候還沒有到來，但有一天一定會到來。只有永保「零度」狀態，才不會自滿，不會故步自封，成就才會更大。

第一章 自信——

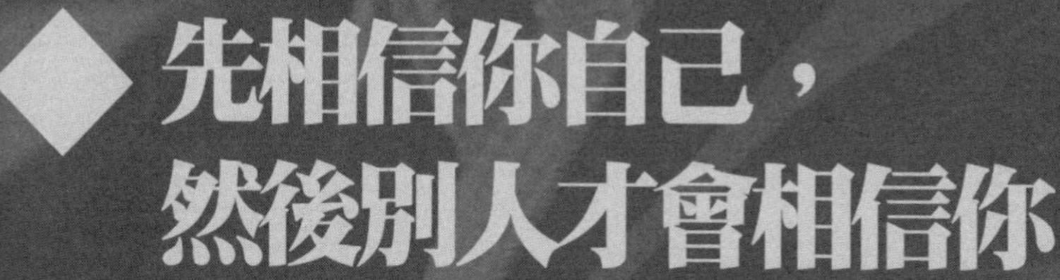

◆先相信你自己，然後別人才會相信你

制定戰略不要為別人左右

關注對手是戰略中很重要的一部分，但這並不意味著你會贏。

——馬雲

一個人如果沒有對手，那他就會甘於平庸，養成惰性，最終導致庸碌無為。一個群體如果沒有對手，就會因為相互的依賴和潛移默化而喪失活力，喪失生機。一個行業如果沒有了對手，就會喪失進取的意志，就會因為安於現狀而逐步走向衰亡。

有了對手，才有危機感，才有競爭力。有了對手，你便不得不奮發圖強，不得不革故鼎新，不得不銳意進取。否則就只有等著被吞併，被替代，被淘汰。對企業的生存發展來說，一個強勁的競爭對手會讓你時刻有危機四伏感，它會激發起你更加旺盛的精神和鬥志，但是企業發展千萬不能因為自己的競爭對手而去制定戰略。

在《贏在中國》第一賽季晉級賽第二場，參賽選手邵長青的產品是建立跨行業跨地區的通用理財積分交換管理軟體系統及資料庫系統，以打造聯合行銷平臺。

馬雲在評價他時說：「打敗對手絕不是戰略。你講戰略的時候，你要很清晰地說，我想做什麼，我該做什麼，怎麼做，我的對手的情況怎麼樣。你能夠半分鐘把它講清楚，你只要講得很清楚，投資者知道你想幹什麼，這就可以了。你剛才講了幾點，你的目標，你的對手，但是我覺得想提醒你的就是對手不是戰略，不要為了對手而去制定，不要只看到對手的戰略。」

管理大師德魯克認為，因為外來的壓力而使得決策猶豫不決，這樣的管理者是不稱職的。卓有成效的管理者必然善於謀斷，他可以參考競爭對手的

現狀，但是在決定的時候往往是自己拍板。一旦做出判斷，就有堅持下去的勇氣，否則再準確的判斷也會中途夭折。尹明善就是一位勇於堅持自己判斷的強者。

在這個追逐體育明星的年代，尹明善和力帆足球俱樂部的球員們卻成了大眾追捧的對象。不過，當初尹明善決定涉足足球事業的時候，卻是無人喝彩。計畫之所以能最終成行，在很大程度上是因為他堅持了自己的判斷。

當時力帆上下不贊同的理由很多：重慶足球人口相對較少，重慶球市持續低迷，幾乎大陸所有的足球俱樂部都在虧損，力帆將拿出近九千萬元資金投入到重慶寰島紅岩俱樂部。如此大的投資，風險太大不說，到底值不值？經營足球俱樂部要是能盈利，為什麼那麼多比力帆大得多的企業都不接？

尹明善力排眾議，最終買下了重慶寰島紅岩俱樂部。事實證明了尹明善的決斷沒錯，俱樂部果真沒有讓尹明善失望。還沒有接手球隊，大陸就多了兩億人知道力帆，「八年寒窗無人問，力帆一球天下聞」，正是對此的最佳寫照。

因為涉足足球，烏拉圭一位華僑認定力帆是大企業，非要買力帆的摩托車。這也是足球帶給力帆的第一筆生意。二〇〇〇年十一月十二日，重慶力帆隊以總比分四比二擊敗北京國安，贏得足協杯冠軍。由此為力帆集團帶來了更好的社會效益，使產品訂單一下子增加了百分之四十。廣東惠州的麥科特集團是尹明善爭取三年而未成功的客戶，後來卻主動要求訂貨，原因很簡單：「能涉足足球，力帆長大了！」

這樣精彩的決斷，尹明善還不只一樁。二〇〇〇年起，大陸各大城市紛紛頒佈「禁摩令」，三輪車更是備受厭棄。一些摩托企業紛紛不再生產三輪車，力帆內部此時也有很多人主張砍掉三輪摩托車，因為那玩意兒太低檔，沒什麼前途，而力帆這麼大個企業還生產那不上檔次的產品，也顯得掉價。

尹明善又一次顯示出他超越常人的判斷力：大陸有十億農民，他們拉貨跑運輸，圖的顯然不是豪華舒適，而是價廉實用。所謂發展才是硬道理，市場需要的就是好商品。企業最大的指揮棒是市場，而不是主觀願望。既然有市場需求，為什麼要停止生產呢？結果在他的堅持下，力帆很快成為大陸三輪摩托車產量最大的企業，二〇〇二年一月到八月就銷售了五萬多台，遠遠超過第二名。

在力帆，尹明善已成為企業的精神領袖。「他們對我有很大的依賴，所以我的決策爭取不出錯。」他還始終堅持這樣一點：有了判斷，還必須果斷。「做一件事，有百分之五十五的可行性就做！等到你論證來比較去，即使有百分之八十的把握你也會失去機會」。在他眼裡，判斷力是個「說不清楚的東西」。

堅持自己的判斷，有利於決策產生，使企業能夠在第一時間獲得行動指南。正是對這種「說不清楚的東西」的判斷力的勇敢堅持，尹明善總是能在一定的時候做出一些新名堂來令人耳目一新。

如果一個企業在任何決策上都猶豫不決、磨磨蹭蹭，無人最終拍板，最終將會一事無成，毫無作為。

不因為競爭對手的策略而動搖，很重要的一點就是堅信自己決策的正確性，對自己有信心。生命的每一項偉大事蹟，都是從信心開始的。

如果對於人生感到乏味，就應該從內心相信某種有意義的工作。「這個工作是有意義的，我永不後悔。」能以這種心情來工作，夢一般的幸福人生就會到來。

一位名人曾經這樣說：對你自己要有信心。信心是永遠的萬靈藥，它賦予思想生命、力量及行動。

信心是我們獲得財富的起點。信心是所有「奇蹟」的基礎，也是所有無法以科學法則加以分析的神祕事物的基礎。沒有誰想趕跑機會、成功和財富，但是正由於他們充滿懷疑和動搖，缺乏信心和勇氣，所以就趕跑了機會、成功和財富。

信心的力量是驚人的，它可改變一切，讓許多看似不能成功的事物達到

圓滿。充滿信心的人永遠擊不倒，他們是人生的勝利者。走你自己的路，然後事情會和你相信的一樣。

因為一個人只有充滿自信，才能獲得內心的安全、優越感，它是幸福安寧的前提。可觀的財產、受尊重的地位、固定的工作固然能使人感到安全和優越，但你越是得到就越是發現它們靠不住，因為它們始終在自我之外，能來就能離你而去。

信心和意志力是行動的基礎，是人走向成功的非常重要的心理素質。一個人只有心裡充滿必勝的信念，對自己所從事的事業確信無疑，並且有堅忍不拔的意志力，他才可能邁出堅定的步伐，產生克服萬難的力量、技巧和精力，想出解決問題的方法和對策，贏得他人的信賴和支持，最後才能達到為之奮鬥的終點。

具有堅定信念的人生將是與眾不同的人生。

堅定的信心能夠激發人的情緒和力量，調動人的積極性，充分開發人的智慧和潛力，堅定人的意志，推動人去完成任務，實現理想，甚至成就偉大神聖的使命。

堅定的信念激發人們走向成功；信心還可以使人們成就神聖的希望，譜寫人類史上的新篇章。人類由於有堅定、不可動搖的信心，科學家們才有勇氣、興趣和熱情去進行飛上太空的研究工作，使人類最終衝出了地球，走向了宇宙。

永遠不把自己當聰明人

永遠記住，永遠別把自己當聰明人，最聰明的人永遠相信別人比自己聰明，這樣他才會走得更遠，更好。——馬雲

在《贏在中國》第一賽季晉級賽第九場，參賽選手菅毅憑藉著精彩的回答贏得了在場評委的好評，評委紛紛讚歎他聰明。

馬雲說：「聰明是智慧者的天敵，傻瓜用嘴說話，聰明的人用腦袋說話，有智慧的人用心說話。所以永遠記住：千萬別把自己當聰明人，最聰明的人永遠相信別人比自己聰明，這樣他才會走得更遠更好。」

別人誇獎你聰明，是他們對你的肯定，但千萬不能因為他人說你聰明，

你就驕傲自負，就認為你真的比別人聰明，這樣的人永遠走不遠。

相信別人比自己更聰明的另一種解讀就是要樂於向別人學習。人生在世，一個人不可能樣樣都精通，而在生活中我們往往接觸到各行各業，總會遇到一些不懂、不熟悉的領域。這個時候，謙卑的心是學習的最佳狀態。

蘇格拉底說：「我知道自己幾乎一無所知。」這正是一種謙虛向別人學習的良好品質。在學習兩字面前，任何人都是老師。管理者一定要忘記自己的身份，放下架子，完全從學習的角度出發，向比自己的知識更淵博的人學習。

西點軍校成立之命令簽署人湯瑪斯．傑弗遜說：「每個人都是你的老師。」每個人都應在合適的範圍內，尋找能彌補自己弱點及不足的老師。因為我們需要成長，需要不斷的發揮潛能去實現自我價值，而老師的經驗及智慧又是我們盡可能趕超別人，儘快實現自我的捷徑。尊重有經驗的人，才能少走冤枉路。

所謂「聞道有先後，術業有專攻」，管理者要學會向下屬請教，自己不熟悉的東西，下屬就有可能熟悉，那下屬就是自己的老師。日本有句成語「問是一時之恥，不問是一世之恥」，也就是說如果因為怕一時之恥而不向別人請教，那麼一輩子都因無法瞭解這個問題而蒙羞。管理者如能做到不恥下問，不僅能拓寬自己的知識面，更能博得下屬的信任感和好感，何樂而不為？

當代西方管理學者領導力大師、美國南加州大學教授本尼斯在他的名著《成為領導者》中，寫有「學習=領導」的等式。管理者是學習者的觀點，也得到了很多企業家的認同。

在當今嚴峻的形勢下，學習已經成為不可忽視的一種需要，知識經濟的增長帶動了整個世界的變化，優秀的企業管理者需要不斷的更新知識，才能更好的應對各種突發起來的狀況。李嘉誠的成功與其強烈的學習力是分不開的。

李嘉誠早年顛簸流離的生活，導致他離開學校，失去了正規教育的機會。他只好透過購買、交換舊書完成了自學，養成「搶知識」的習慣和「不擇細流」的閱讀口味。

李嘉誠之所以有如此淵博的知識，是因為他對知識有著強烈的好奇心。他的好奇並不是率性的，而是認真預先設定自己看問題的角度，然後像搜尋引擎般盡可能全面瞭解相關資訊。

熟悉李嘉誠的人都知道，除了小說，李嘉誠遍讀各公司年報到科技、歷史、宗教等各類書籍。就是常伴他身邊的那些人也會時常驚訝於他的思維的靈活、觀點的新鮮。

比如，在談及經濟形勢時，他會隨口說出「二十二個阿拉伯國家的GDP總和還無法超過西班牙」這樣別人不太留意的細節，而有時在談及某行業的專業問題，他能像一個專家般侃侃而談。

勤於學習使李嘉誠成為一個東西文化結合體：像西方飽受職業訓練的經理人一樣重視資料、依靠組織和制衡的管理法則，也像外國商人一樣發自內心的樂於迎接競爭帶來的壓力和成就感，另一方面有著東方的謹慎謙虛，始

終堅持東方企業家關心、重視員工的長遠前途的傳統。

成為亞洲首富之後的李嘉誠仍然在投資自己的大腦。學習是管理者最有價值的投資。

著名哲學學黑格爾這樣說過，我們站在一個重要時代的門口，一個變化的時代。處於這樣一個時代的管理者，一定要注重學習力、思想通、想法融、行動才能一致，這是企業發展和生存的重要根基。

生命不止，求知不斷，只有投資於學習，將大腦充實起來，才能在管理工作中得心應手，從而為企業創造更多的經濟效益。不單是管理者需要學習，員工更需要不斷學習。

有一個大學畢業生自視甚高，以為自己無所不能，然而畢業後卻屢次受挫，連他認為合適的工作都找不到。於是他覺得現實對自己不公，進而對社會非常失望。他認為自己之所以身處此境是因為沒有伯樂來賞識他這匹「千里馬」。

痛苦、絕望之下，產生了厭世心理，於是他來到大海邊，打算就此結束自己的生命。就在他邁出腳走向大海這一時刻，正好有一個老人從這裡走過，把他拉到岸邊，說：「年輕人，為什麼要走絕路，有什麼事想不開，說來聽聽，我是一個智者，說不定可以幫幫你。」

年輕人說自己不能得到別人和社會的承認，沒有人欣賞並且重用他……這時智者老人從腳下的沙灘上撿起一顆石子，讓年輕人看了看，然後扔在地上，對他說：「請你把我剛才扔在地上的那粒石子撿起來。」

「這根本不可能！」年輕人說。

老人沒有說話，接著又從自己口袋裡掏出一顆閃閃發光的藍寶石，也隨意的扔在了地上，然後對他說：「你能不能把這顆寶石撿起來呢？」

「這當然可以。」

「那你就應該明白是為什麼了吧?你應該知道，現在你自己還不足夠燦爛到閃閃發光，你不能苛求別人承認你，如果要別人承認，那你首先要端正

自己的態度，面對現實，認識到自己的不足，還要加強自身的學習，由石子變成一顆璀璨的寶石才行。」

學習要有一種虛心的態度，需要一種謙卑的心態，作為一名員工要善於在低處和平凡的崗位中磨礪和提升自己。

《論語》中很多地方都談到如何學習的問題。要想提升學習力，首先要有空杯心態。《論語．為政》中說：知之為知之，不知為不知，是知也。知道的就是知道，不懂的就是不懂。孔子認為在學習時要放低姿態，切不可沉湎在曾經的業績中而不可自拔。

曾經有一著名企業老總說過這樣的話：「往往一個企業的成敗，是因為他曾經的成功，過去成功的理由是今天失敗的原因。生活就是不斷的重新再來，不歸零就不會有進步，就不會持續發展。」管理者只有心態歸零，才有學習的動力，企業才能快速發展。

其次是要善於向身邊的人學習。孔子說，「三人行，必有我師焉。擇其善者而從之，其不善者而改之」。孔子認為在你周圍的人中，在某些方面一定有比你優秀的，這時你要選擇他們的優點加以學習，看到他們的缺點就要對照一下自己。再次學習時要學思並進。孔子說：「學而不思則罔，思而不學則殆。」

管理者在學習的過程中，不是做給他人欣賞，也不是單純一個接受的過程，更應該是一個思考和感悟的過程，學而思才能長智慧。

在學與思中有所創新，提高自己洞察事物的機會和思考的能力，結合自身職業尋求出更好的工作方式與方法。更快的提升自身的領導力。

很多管理學家都認為二十一世紀是學習力競爭的時代。真正的文盲，不是不識字、沒有文化的人，而是沒有學習能力、沒有教養的人。

人們的智力相差無幾，行業競爭的白熱化，要想在行業競爭中立於不敗之地，不僅要學習書本知識，更需要在社會這所大學中多向值得自己學習的人學習。

要有打敗別人的本事

我如果加入Google，Google肯定會贏，我加入雅虎，雅虎可能也會贏。我加入誰都有可能；我自己不能創辦，但打敗別人還是有本事的。——馬雲

二〇〇六年，馬雲在接受上海第一財經葉蓉主持《財富人生》節目訪談時說：「我們兩人（指馬雲和楊致遠）在沙灘上談了十分鐘。那天特別冷，十分鐘後我就逃進了房間。我們在十分鐘內交換了一些想法，我很明確的告訴他，我要進入搜尋引擎領域，我認為未來的電子商務離不開搜尋引擎，而且我覺得阿里巴巴自己做搜尋引擎的可能性不大。我如果加入Google，

Google肯定會贏，我加入雅虎，雅虎可能也會贏。我加入誰都有可能，但我自己不能創辦，但打敗別人還是有本事的。如果雅虎跟我合作，就只能把雅虎中國百分之百的賣給我，否則我們就散，做朋友也很好，基本上十分鐘就談定了。」

馬雲清楚的知道自己不能創辦Google，不能創辦Yahoo，但是他堅定自己有打敗別人的本事。說出這句話的馬雲，靠的是自己的實力，靠的是自己的信念。

不論一個人的天資如何、能力怎樣，他事業上的成就，總不會超過其自信所能達到的高度。如果拿破崙在率領軍隊越過阿爾卑斯山的時候，只是坐著說：「我們是很難翻過這座山的。」無疑的，拿破崙的軍隊永遠不會越過那座高山。所以，無論做什麼事，堅定不移的自信心，都是通往成功之門的金鑰匙。

羅斯福曾說過：「傑出的人不是那些天賦很高的人，而是那些把自己的

才能盡可能發揮到最高限度的人。」一個人只有具備信心，才會知道自己是個什麼樣的人，並知道能夠成為什麼樣的人，並因此積極的開發和利用自己身上的巨大潛能，做出非凡的事業來。

從二十二歲到五十四歲，羅奈爾得·雷根從電臺體育播音員到好萊塢電影明星，整個青年到中年的歲月都在文藝圈內，從來沒想過要從政，更沒有什麼經驗可談。這一現實，幾乎成為雷根涉足政壇的一大攔路虎。然而，共和黨內保守派和一些富豪們看中了雷根的從政潛質，竭力慫恿他競選加州州長，於是雷根毅然決定放棄大半輩子賴以為生的影視職業，開始了他的政治生涯。

當然，雷根要改變自己的生活道路，並非突發奇想，而是與他的知識、能力、經歷、膽識分不開的。因為信心畢竟只是一種自我激勵的精神力量，若離開了自己所具有的條件，信心也就失去了依託，難以變希望為現實。大凡想大有作為的人，都須腳踏實地，從自己的腳下踏出一條遠行的路來。有兩件事樹立了雷根角逐政界的信心：

第一件事是他受聘擔任通用電氣公司的電視節目主持人。這使得他有更多的機會認識社會各界人士，全面瞭解社會的政治、經濟情況。他從中獲得了大量資訊，從工廠生產、職工收入、社會福利到政府與企業的關係、稅收政策，等等。

雷根把這些話題吸收消化後，透過節目主持人身份反映出來，立刻引起了強烈的共鳴。為此，該公司一位董事長曾意味深長的對雷根說：「認真總結一下這方面的經驗體會，為自己立下幾條哲理，然後身體力行的去做，將來必有收穫。」這番話對雷根產生棄影從政的信心功不可沒。

另一件事是他加入共和黨後，為幫助保守派領導人競選議員、募集資金，他利用演員身份在電視上發表了一篇題為《可供選擇的時代》的演講。專業化的表演才能使他大獲成功，演說後立即募集到一百萬美元，以後又陸續收到不少捐款，總金額高達六百萬美元。《紐約時報》稱之為美國競選史

上籌款最多的一篇演說。雷根一夜之間成為共和黨保守派心目中的代言人，得到了黨內大多數人的支持。

又一個令人振奮的消息傳來了，雷根在好萊塢的好友喬治．墨菲，這個地道的電影明星，與擔任過甘迺迪和詹森總統新聞祕書的老牌政治家塞林格競選加州議員。在政治實力懸殊巨大的情況下，喬治．墨菲憑著三十八年的舞臺經驗，喚起了早已熟悉他形象的老觀眾們的支持，從而大獲成功。

結果表明，演員的經歷不但不是從政的障礙，而且如果運用得當，還會為爭取選票、贏得民眾發揮作用。雷根發現了這一祕密，決定在塑造形象上做文章，充分利用自己的優勢——五官端正、輪廓分明的好萊塢「典型的美男子」的風度和魅力，還邀約了一批著名的大影星、歌星、畫家等藝術名流來助陣，使共和黨的競選活動別開生面、大放異彩，得到了眾多選民的支持。

但雷根的對手，多年來一直連任加州州長的老政治家布朗卻對雷根的表現不以為然，認為這只不過是「二流戲子」的滑稽表演。他認為無論雷根的外在形象怎樣光輝，其政治形象畢竟還只是一個稚嫩的嬰兒。於是他抓住這一點，以毫無政壇工作經驗為實進行攻擊。而雷根卻因勢利導，乾脆扮演一個樸實無華、誠實熱心的「平民政治家」。雷根固然沒有從政的經歷，但有從政經歷的布朗恰恰有更多的失誤，給人留下把柄，讓雷根得以輝煌。二者形象的對照是如此的鮮明，雷根再一次清除了障礙。

雷根在競選過程中，曾與競爭對手卡特進行過長達幾十分鐘的電視辯論。面對攝影機，雷根淋漓盡致的發揮出表演才能，妙語連珠、揮灑自如，在億萬選民面前完全憑著當演員的本領，占盡上風。相比之下，從政時間長、但缺少表演經歷的卡特則顯得黯然失色。

雷根成功的根源是自信，自信使他超越了障礙本身——沒有資本就是最大的資本。經歷固然是人生寶貴的財富，但有時也會成為成功的障礙。只是有的人將經歷視為追求未來的障礙，有的人則將經歷視為實現目標的法寶。

雷根選擇了後者。

那些成就偉大事業的卓越人物在開始做事之前，總是會具有充分信任自己能力的堅定的自信心，深信所從事之事業必能成功。這樣，在做事時他們就能付出全部的精力，破除一切艱難險阻，直達成功的彼岸。

如果在表情和言行上時時顯露著卑微，在每件事情上都不信任自己、不尊重自己，那麼這種人自然得不到別人的尊重。瑪麗・科萊利說：「如果我是塊泥土，那麼我這塊泥土，也要預備給勇敢的人來踐踏。」

我們與生俱來便擁有巨大的力量，鼓勵我們去從事偉大的事業。而這種力量潛伏在我們的腦海裡，使每個人都具有雄韜偉略，能夠精神不滅、萬古流芳。如果不盡到對自己人生的職責，在最有力量、最可能成功的時候不把自己的本領儘量施展出來，那麼對這個世界也是一種損失。世界上的機遇層出不窮，正待我們去把握。

英國著名的評論家海斯利特曾說：「低估自己者，必為別人所低估。」

體育界盛行一句話：「不用，就會失去。」肌肉如果不運用，就會萎縮，而這種萎縮程度之大，足以加害於身體。如果我們不去喚醒我們的潛在能力，這些能力也會轉化成自我毀滅的管道。如果你不斷的挖掘你的潛能，你的一生都會充滿令人激動的探險。為了充分挖掘自身的潛力，我們首先應該認識它們。

美國著名的成功學家拿破崙・希爾說，信心是「不可能」這一毒素的解藥。想像自己能夠成功，用積極的動機推動行為的發展，透過不懈的努力，你就能達到目標。正如海倫・凱勒所說的那樣：「當你感到有一種力量推動你翱翔的時候，你是不應該爬行的。」

小商品也能做成大生意

讓別人去跟著鯨魚跑吧！我們要抓些小蝦米。我們很快就會聚攏五十萬個進出口商，我怎麼可能從他們身上分文不得呢？——馬雲

馬雲說「只抓蝦米，很簡單。」古往今來，靠「撿芝麻」的競爭術，經營者們走出了一條又一條成功的發家之道。馬雲無疑也是其中的一個典型代表。

一九九九年初，馬雲決定介入電子商務領域，進行二次創業。當時的互聯網領域所做的電子商務基本上是為了全球頂尖的百分之十五的大企業服務的。但馬雲深知中小企業的困境，他毅然決定「棄鯨魚而抓蝦米，放棄那百

分之十五的大企業，只做百分之八十五中小企業的生意。」

在馬雲看來，「如果把企業也分為富人窮人，那麼互聯網就是窮人的世界。因為大企業有專門的資訊管道，有巨額廣告費，小企業什麼都沒有，他們才是最需要互聯網的人。」馬雲就開始致力於為中小企業提供一個展現他們的平臺。

一九九九年九月，阿里巴巴網站橫空出世，立志成為中小企業敲開財富大門的引路人。阿里巴巴的出現在當時立刻引起了轟動，被國際媒體成為繼Yahoo、Amazon、eBay之後的第四種互聯網模式。其獨特的企業對企業模式，即便在今天的美國，也難覓一個成功的範例。

從抓蝦米入手，馬雲慢慢建立了自己龐大的阿里巴巴帝國。提及小生意，許多創業者可能不屑一顧，尤其在這個幾乎每人都想快速致富的時代，小生意的慢性積累似乎更不能讓人容允。翻翻雜誌，看看報紙，我們都在尋找致富產品。但現實中令人遺憾的是，大多數創業者們的眼睛更多的停留在了那些誇大的能讓人一夜暴富的資訊上面，其內心深處希冀的是哪個專案能讓人一年賺上幾十萬，幾百萬甚至上千萬，事實上卻是，這樣的創富神話可能只是天方夜譚。

做生意，勿以小而不為，這是馬雲的經驗之談。俗話說，「積少成多」、「集腋成裘」、「聚沙成塔」，世界上許多富商巨賈，也是從小商小販做起的。例如，美國的億萬富翁沃爾頓，是經營零售業起家的；鼎鼎有名的麥克唐納公司，是經營小小的漢堡包發財的；華人首富李嘉誠，開始的時候也是做小小的塑膠花的生意。

有一個故事，說一個老漁夫在水流湍急的河段釣魚，一個剛學釣魚不久的小漁夫經過，就問老漁夫，這裡魚兒游都游不穩，怎麼會釣到魚呢？

老漁夫笑而不答，提起他的大魚簍，往岸邊一倒。頓時，一尾尾大魚在地上跳躍著。

小漁夫傻眼了。老漁夫說：「只有在大風大浪的地方，才能釣到大魚。」

小漁夫平常總在小河溝裡釣小鯽魚，釣十條加起來，也比不上老漁夫一條大魚。小漁夫一生氣，乾脆把小鯽魚一股腦兒全放了，然後在距離老漁夫不遠的地方垂下了釣竿。

結果呢，一連三天，小漁夫一條大魚都沒釣到，他又問老漁夫有什麼訣竅。

老漁夫這時說了：「我沒啥訣竅，只是來這兒釣魚之前，我已經在小河溝裡釣了好幾年小魚。」

這個寓言的寓意很明白：在沒有能力釣到大魚之前，應該專心釣一些小魚。創業也是如此，從一種最簡單的模式起步，經過不斷的積累、磨煉，往往就能產生驚人的結果。總有一天，你也能開創大場面。

常言道，積土成山，積水成淵，財富的積累是一個由小到大、由微至著的漸進過程。經營房產，汽車是做生意，經營針頭線腦同樣也是做生意，只要有市場有錢賺就應該去做。

有眼光的創業者，總是瞄準大眾的日常需要，不拒小買賣，取得了想要的成功。溫商能夠把不起眼的鈕扣做成大生意，正是溫商賺小錢、算大賬的集中體現。

一九七九年，居無定所、靠打零工為生的葉氏兄弟，在外地一家小鈕扣廠門口買了一堆鈕扣，可惜這些鈕扣在廠家來看都是不合格的產品，因而將其整袋打入「回爐」的次品。

葉氏兄弟二人僅僅象徵性的付了一點零錢，便將這些鈕扣帶回了溫州永嘉縣橋頭鎮，擺了個小攤，結果不到一天時間就銷售一空，算一算，居然賺了四百塊錢。葉氏兄弟沒想到一袋鈕扣竟為自己帶來了這麼多的利潤，於是就不斷地往返於兩地之間，專門做起鈕扣生意來。後來聚積起了資本，懂得了並不複雜的技術，他們就索性自家開起了工作坊，前店後廠的做起鈕扣生意來。

當時大陸商品奇缺，市場供不應求，就連鈕扣這樣的小商品也只能在供銷合作社買，而且價格是不能商量的。葉氏兄弟創業後情況便不同了，橋頭鎮當時已是國內鈕扣的大發散地，只要是他們製作出來的鈕扣，任人挑選，價格也可以商量。這樣做生意當然是新鮮事，於是生意一天天的好起來。

來批發鈕扣的客戶多了，鄰里們也跟著改批銷為製作，使得橋頭鎮一條破落的老街很快繁榮起來，輻射力逐漸加大，沒幾年便響遍了全大陸，不僅各省的小商小販競相而來，批發鈕扣到各地城鄉擺攤兜售，連國營服裝廠和國營商店也成了他們的客戶。

到了一九八一年下半年，橋頭鎮前店後廠式的鈕扣攤位已超過百家。該鎮的鈕扣市場一九八三年二月正式開放，成為輻射全大陸的專業化鈕扣批發中心，帶起了當地三千多人組成的供銷隊伍，主動出擊將橋頭鎮的鈕扣產品推向國內市場，包括西北、東北、西南，到處都有他們的足跡。隨著一袋袋小小的鈕扣往外銷出去，一張張鈔票又沿著原路，從五湖四海源源不斷的返

回橋頭鎮，為鈕扣的生產製作和銷售注入新的活力。

來這裡的參觀考察者聽了無不讚歎，有人曾做了測算：每粒鈕扣獲利微乎其微，甚至只能按厘計算，但萬枚鈕扣的利潤加起來就顯現出來了——若按鈕扣的平均值計，約五十萬粒的每袋鈕扣，其利潤可達到數千元。真是涓涓細流，匯成江河，小有小的魅力。

「小商品、大市場」，這是著名的經濟學家費孝通給溫州題的六個字。在大陸很多地方，街頭路邊的許多小鞋店和美容店，大都是務實而又勤懇的溫商經營。溫商在積累財富的過程中，很多就是從小商品做起，一旦看准某項業務，就會紮下根來，踏踏實實、一步一腳印的賺錢。

今天，很多人都在談論「規模化」、「大格局」，但對小本創業者而言，與其盯著大事業、大生意，還不如現實一點，多關注身邊的小機會、小生意，充分把握「細分市場」這個概念，探索其中的生存之道。

印度詩人泰戈爾說過：「小草，你擁有你足下的土地！」「大」有可為，「小」同樣有可為。

所以，做為一名志在登泰山創業者，若想開創出一番事業，首先就應該擁有以小見大的洞察力，不放棄「小土堆」，能夠從小商機中發現可做的大生意，一步一腳印，便可進入寬闊的疆場，擁有無限的天地。

此外還需注意的是：創業產品既要小，又要精，如果貪多嚼不爛，就可能被「噎死」。

創業者最大的資本是自信

我相信「相信」。第一要相信你能活，第二要相信你有堅強的存活毅力。相信自己做的事情是對的；第二，相信自己做的事情非常難，沒有幾個人做得了，自己能夠嘗試就已經勝利了一半。——馬雲

信心有多大，舞臺就有多大。自信，是一種感染力，是一種通向成功的先兆。即使是深處困境，別人也會從你的自信中看到你未來的希望。

馬雲曾自信的說道：「我就是打著望遠鏡也找不著對手。」馬雲在業界一直被認為是一個「狂人」，這種「狂」一方面是他的想法總是看上去很瘋狂，而另一方面正體現了他對自己和自己的團隊擁有的強大自信心。馬雲雖

然「狂」但他的自信並不盲目，他曾說：「自信不是盲目。自信也要注意策略、技巧、方法。如果你充分相信自己有能力進行任何活動，那麼，你實際上就能獲得成功。一旦你敢於探索那些陌生的領域，便有可能體驗到人世間的種種樂趣。我的座右銘是『永不放棄』，是自信讓我不管遇到了多麼嚴重的挫折，不論碰到了多麼巨大的困難，都不會發生動搖。」

相信自己，是相信自己的優勢，相信自己的能力，相信自己有權佔據一個空間。只有相信自己才能讓周圍形成一股通往成功的暖流。

拿破崙・希爾說：「我成功，因為我志在戰鬥。成功的欲望是造就財富的源泉。這種自我暗示和潛意識被激發後會形成一種信心，轉化為『積極的情感』，它會激發人們無窮的熱情、精力和智慧，幫人成就事業，信心常常能改變人生的命運。成功者就是那些擁有堅定自信心的普通人。」

一個光明磊落、充滿生氣、堅信成功的人，到處都受人歡迎。你必須從心理上、言行上、態度上顯示出你強大的自信力，在不知不覺中，別人就會

開始對你產生信任，而你自己也會逐漸覺得自己確實是可以信賴的人。一個老是哀聲歎氣、專想失敗的人，誰都不願跟他來往。一個沒有自信心的人，無論有多大潛能，都無法開發、利用，也就不能抓住任何機會。當遇到重要關頭時，總是無從把所有的潛能都表現出來，因此明明可以成功的事，往往弄得慘不忍睹。

那些在生存競爭中獲得勝利的人，他們的一舉一動無不充滿信心，他們的非凡姿態也定將使你敬仰有加。一眼望去，就可以看出他們渾身充滿活力。那些被擠倒在地、打了敗仗的人，卻永遠是那副不死不活的樣子；他們沒有決斷力、沒有自信力；他們從自己的行動舉止、談吐、態度上，給人留下的就是一副懦弱無能的印象。

自信是創業的最大資本，因為人與人之間常常是自信心的較量。不是你影響他，就是他影響你。而我們要想讓別人相信自己，首先你就得相信自己。只有強大的自信才能感染別人，影響別人，進而征服別人，讓別人因為受到你的影響而相信你。

一九八八年六月，中國科學院院長周光召到香港訪問，柳傳志得知後，馬上讓當時聯想的外事負責人王曉琴盯住負責安排周光召行程的特別助理馬雪征，想辦法說服她讓周院長給聯想剪綵。

但馬雪征並不想去，馬雪征比香港人還清楚，聯想只是一家小公司，不是外界紛傳的大集團，在等級森嚴的科學院中，聯想的總經理也最多算個處級幹部，離部級的周院長隔著遙遠距離。

周光召在香港見的是威爾遜總督，見完威爾遜總督，就開始挨個見大學的校長，然後見貿易發展局局長。他的行程安排滿檔，聯想名氣又小，馬雪征哪裡願意周光召去為柳傳志的小公司剪綵。

然而王曉琴黏在那裡，她並不理會馬雪征的藉口。她笑眯眯的站在門口不走，馬雪征沒辦法只好讓她坐。王曉琴一坐下就開始說聯想現在怎麼困難但前景如何光明。馬雪征被她說動了。

當馬雪征第一次接觸聯想，印象極其深刻。她原以為既然香港燈紅酒綠，香港聯想一定甚是闊氣，誰知竟如此破爛。她在柴灣見識了聯想的那間小辦公室。「我確實沒有想到，科學院的科學家柳傳志，能在這地方上班，而且他自豪得不得了。」

柳傳志邀請周光召參觀公司的辦事處。馬雪征想，那辦事處再差也得是玻璃牆的辦公大樓才是，誰料想完全不是。她被柴灣嚇了一跳，覺得那是在深圳都見不著的破地方。「甭說深圳，」她說，「像惠州都見不著，破成那樣。叫做工業大廈，其實只有一部客梯，剩下全是貨梯。」那些大貨梯的大臺階都很高，為了鏟車「卡板」。

她隨周光召走進去，還以為人人西裝革履，誰知那兒的人全光著膀子，搭條毛巾，踢雙人字拖鞋，穿著大褲衩，推著卡板。

馬雪征記得，柳傳志對周光召客氣的說：「您先進。」他的確得讓周光召先進去，然後卡板才能進去。周光召跟他們一起擠到電梯最裡邊。電梯停下來的時候，得卡板先出去，他們才能出去。

參觀完了辦公室，柳傳志又頗為戲劇的邀請周光召坐船遊河，說是要彙報工作。坐在船上，風拂浪激，乘長風破萬里浪的感覺與在柴灣破辦公室中有天壤之別。柳傳志向周光召講了他的三步曲，講了整個聯想戰略佈局。他斬釘截鐵的語氣，彷彿一切盡在掌握之中。

馬雪征想起這段往事就想笑：「你要坐在船上聽，會覺得這是一家有宏偉藍圖的公司。但想到那部電梯和那間辦公室，你根本不可能覺得它會很偉大。怎麼在那種地方辦公的人會有這麼一個藍圖？」她開始覺得柳傳志是一個奇特人物。

馬雪征後來參加了聯想的一次誓師會，感覺場面像「文化大革命」：柳傳志在那裡聲嘶力竭，講的話又特別震撼。她又在想：這個公司怎麼這麼奇特？那麼丁點兒的一個公司，為什麼會有那麼多人在那兒？她不知道那些人是公司的員工還是從外面請來湊數的。

在為香港聯想剪綵後，過了兩年，馬雪征加入了這家奇特的公司。

自信，是一種感染力，是一種通向成功的先兆。即使是深處困境，別人也會從你的自信中看到你未來的希望。創業者的路途中開滿了鮮花，也處處都是荊棘，只有我們相信自己，才能帶領著員工們一起披荊斬棘、開拓創業的新天地。

男人的胸懷是委屈撐大的

九年創業的經驗告訴我，任何困難都必須你自己去面對。創業者就是面對困難。——馬雲

「吃得苦中苦，方為人上人」，對馬雲來說卻是「受盡屈中屈，才為人上人」。馬雲從創業之初到現在，伴隨著他的是「騙子」、「傻子」、「瘋子」和「狂人」的稱號。難怪馬雲在成功之後，感慨的說：「男人的胸懷是委屈撐大的。」

胸懷，是男人面臨困境時的表現。迷戀武俠小說的馬雲說：「委屈再大莫過《天龍八部》中的喬峰，冤枉再大莫過《笑傲江湖》中的令狐沖。」回

顧馬雲的過去，便能看出他是一個真正的俠客。

一九九五年四月，馬雲開始了第一次創業，「中國黃頁」網站在他手上誕生。萬事開頭難，最初的階段，也是公司最艱難的時候，馬雲最落魄的時候，公司帳面上不過兩百塊錢。

最重要的是，一九九五年的互聯網遠沒有如今普及，多數企業甚至連聽都沒聽說過「互聯網」這個詞。對互聯網的疑問，讓馬雲和他的「中國黃頁」舉步維艱，遲遲無法打開局面。

為了宣傳「中國黃頁」，馬雲還得附帶加大「互聯網」這一名詞的推廣。他曾在媒體上說，「比爾·蓋茲認為互聯網將改變人類生活的各個方面」，這話取得了不錯的效果。不過後來馬雲自己坦言，這句話其實是他杜撰出來的。原因很簡單，「互聯網作用大沒有用，比爾·蓋茲才有說服力」。

有了比爾·蓋茲的「幫助」，又在朋友的幫助下，馬雲終於陸續與望湖賓館等單位開始有了業務合作。然而，當時大陸還沒有開通互聯網，馬雲一直依靠美國寄過來的打印紙網頁為客戶構築夢想。「膽大」的馬雲兜售的是一種看不見、摸不著的東西，如此虛無縹緲的商品讓人信服是很困難的。於是，很多人開始懷疑馬雲是一個騙子，當時馬雲心中的委屈可想而知。

馬雲的忍受直到一九九五年七月才得到回報，上海開通了四十四K的互聯網專線，馬雲有了證明自己的機會。

一九九五年八月的一天，馬雲請來望湖賓館的總經理，他從杭州打長途電話到上海聯網進行了一次現場的「互聯網」演示，並且讓杭州電視臺的記者進行全程錄影，以此來證明自己的產品。

經過三個多小時的等待，網頁才下載完畢，電腦上出現瞭望湖賓館的主頁。總經理這才信服了馬雲，同意將望湖賓館的介紹放到「中國黃頁」上，一個月後總經理得到了一個意外之喜。

一九九五年九月，世界婦女大會要在北京召開。幾個美國婦女上網搜尋

中國的賓館，只找到瞭望湖賓館，於是她們決定住在望湖賓館。當得知望湖賓館位於杭州，離北京有一千多公里時，這幾個婦女還專門從北京飛到杭州，在望湖賓館住了一個晚上，因為這是她們在互聯網上見到的第一個中國賓館。

馬雲的委屈這時才得到釋放，他也看到了希望，認為只要將「中國黃頁」做好，一定對中國有利。正當他躊躇滿志，「誤解」漸漸離去的時候，「欺詐」卻不請自來。

一九九五年的下半年，有幾個來自深圳的「老闆」找到了馬雲，表示願意出資兩萬元，做「中國黃頁」的代理商。正捉襟見肘的馬雲一時喜出望外，沒怎麼猶豫就將「中國黃頁」的核心模式和機密技術和盤托出，還派出技術人員親赴深圳，協助他們建立系統。

馬雲的熱情服務讓這幾位老闆十分滿意，他們表示先回深圳看看，然後「三天後再回杭州簽合同」。

然而，馬雲直到現在也沒有等來這份合同。原來，這幾位深圳老闆回去後迅速成立了自己的公司，然後依託「中國黃頁」的技術，製造出與「中國黃頁」一模一樣的產品。

在馬雲最艱難的時候，這就像是往他傷口上撒鹽。馬雲最終還是扛了下來，多年後，馬雲提及此事仍欷歔不已：「當時真的受不了，但我還是把它扛下來了。」

好事多磨，馬雲的委屈還遠沒有結束。隨著人們對互聯網行業越來越感興趣，很多對手加入進來。

一無社會資源、二無政府資源的馬雲為了尋找出路，再次忍受著委屈。他改競爭為聯合，決定和對手杭州電信合作。可惜，馬雲的「忍辱負重」換來的卻是最終的決裂。杭州電信與馬雲在經營理念上的分歧日益加深，馬雲無奈之下選擇了退出。

「東打西拼最後卻丟了自己的孩子」，馬雲心中的委屈和不甘，外人是

無法理解的。但是，最後他還是鐵著心腸，將自己擁有的「中國黃頁」股份送給了一起創業的員工，帶著委屈離開了「中國黃頁」。

回顧「中國黃頁」的歷史，馬雲所受的委屈實在不小。正是有了過往的委屈，馬雲如今的胸懷才非同一般。

身材瘦小的馬雲，胸懷卻非常寬廣，他說：「十個有才華的人有九個是古怪的，總認為自己是最好的，你要去包容他們。男人的胸懷是被冤枉撐大的，越撐越大，人家氣死你就不氣。」

直到如今，馬雲認定的事情，每每引起無數人的爭執，阿里巴巴的員工都可以跟馬雲拍桌子，和他爭吵。因為他們有共同的夢想，這樣就事論事的爭吵，反而撐大了馬雲的胸懷，增長了他的見識。他的胸懷和見識，成就了自己，也成就了阿里巴巴。

男人的胸懷是委屈撐大的。海納百川，有容乃大；壁立千仞，無欲則剛。

一個有大氣量的人，他的容人之量、容物之量也大，能和各種不同性格、不同脾氣的人們處得來。能相容並包，聽得進批評自己的話。也能忍辱負重，經得起誤會和委屈。

一個人的氣度與他的事業高度是成正比的。胸懷寬宏，才能以相容、堅韌的心態平安度過衰運期。

只要始終保持進攻你就有機會

我是一個進攻者，只要保持進攻，就一定會有機會。——馬雲

這個世界原本就是「進攻者」生存的世界，只有不斷的進取才有機會。所有接觸過阿里巴巴的人，都會覺得這家公司是個特別主動、富有「進攻性」的企業，而馬雲更是一個高超的「煽動者」。很多人甚至認為馬雲是個「瘋子」，喜歡「口出狂言」，富有「進攻性」。

他的狂放不羈，突出表現在二〇〇五年第五屆「西湖論劍」上。在與柯林頓對話時他蹺著二郎腿；在聽張朝陽、丁磊、馬化騰、汪延和經濟學者張維迎論戰，興起時他會直接拿把椅子走到臺上，不管三七二十一自己做起演

講；而他的身影偶爾也會出現在大排檔，人們看到他喝得微醺，跟一大幫人神侃瞎聊，手舞足蹈。

即便是在美國的麻省理工學院的講臺上，他也照樣表現得「張牙舞爪」。在這所受人尊敬的大學的講臺上，他跟諾基亞總裁精彩激烈的辯論，得到了台下一千多名聽眾長時間的起立鼓掌。

馬雲其實狂而不傲，他始終是一個面對現實又擁有夢想的清醒者。即使阿里巴巴放眼全球都找不到與之抗衡的對手，但他始終持有一種危機意識。就是這樣一個天不怕、地不怕的人，卻在二〇〇五中國企業領袖年會上發出了這樣的感慨：這一年，我壓力挺大的。

同丁磊、陳天橋、李彥宏這些人不同，馬雲非常不「務實」，經常是「不走尋常路」。他經常講的一句話是：賺不賺那幾億沒什麼了不起的。當時阿里巴巴的收入來源是向誠信通和中國供應商的會員收取年費，這兩個體系的會員均依附阿里巴巴網站。收入來源雖然單一，但因會員數量龐大並保

持迅速增長，使整個集團活得相當「滋潤」，每年的營業收入保持翻倍的增速。從「每天贏利一百萬」到「每天交稅一百萬」，再到「現在賺的只是零用錢而已」，馬雲直爽的性格讓他絲毫不掩飾自己公司的實力與良好的贏利前景。

馬雲又有些「口無遮攔」，即使談到競爭對手，他也不回避要與之PK一下。說到馬化騰的騰訊網，馬雲認為自己看不到對方任何的增長。在騰訊也推出自己的免費B2C門戶之後，馬雲則認為這是一步「臭棋」。他認為，當初創立淘寶網的時機和今天的環境已經發生了相當大的變化，騰訊繼續實行免費無疑是一個錯誤。在擊敗eBay之後，馬雲底氣更足，他將競爭的矛頭直接對準了百度和Google。

就是這個「攻擊性」很強的「狂人」，最終將阿里巴巴帶到了香港交易所。兩百億美元的市值，使阿里巴巴成為僅次於Google的全球第二大互聯網公司。

古人說：與其臨淵羨魚，不如退而結網。因此，即便是一生做事縝密的諸葛亮，如果沒有抓住機遇，及時行動，到頭來也是一事無成。一個能夠主動進攻的人，必定有著摧枯拉朽的意志力，這股勢頭就有著攻必克戰必勝的潛質。

在電視劇《亮劍》中，李雲龍率領他的獨立團完成了許多「不可能」完成的任務——其中，有很多都是在為爭取上級命令的前提下主動取得的。

攻打平安縣城前，副團長邢志國問：「團隊，部隊集結起來幹什麼？」

李雲龍不耐煩的說：「還能做什麼？打縣城。」

邢志國大吃一驚：「這可是件大事，是不是應該向上級請示一下？」

「來不及了，師傅離我們好幾公里，等請示回來，金針花都涼啦。」

如果你想擊倒對手，那麼你所要做的就是主動，主動，還是主動。職場如戰場。在商業競爭中，你永遠不可能有足夠的時間來進行準備，更不可能等掌握了百分之百的資訊後再採取行動。

布萊恩·費迪在一家公司擔任行銷市場總監。在一次緊張的市場推廣行動中，由於情況緊急，他不得不自作主張發佈了一個廣告，事後才報告公司總裁丹·卡菲爾德。很顯然，那個廣告並沒有像他預期的那樣，發揮出特殊的效果。他覺得這次肯定要惹禍上身了。

丹·卡菲爾德是一名退役的陸戰隊軍官，聽完費迪的報告，他說：「我的理解是，你認為那是一個絕好機會，所以你馬上採取行動，不打算放過它，是嗎？」

隨後，他不僅表揚了費迪，還給每個員工發了張撲克牌式的卡片，要求他們時刻放在口袋裡，就像陸戰隊裡常見的那樣，上面寫著：

「主動出擊！請求原諒要比請求批准強得多！」

主動出擊是美國海軍陸戰隊的一個傳統，冒險行動有可能獲得原諒，畏縮不前只能意味著軍事法庭上的嚴厲審判。

沒有成功會自動送上門來，也沒有幸福會自動降臨到一個人身上。這個世界上所有美好的東西都需要我們主動去爭取。唯有那些主動出擊、善於創造機會和把握機會的人，才有可能從最平淡無奇的生活中找到一絲機會，用積極的行動改變自己的處境，使自己的人生之船到達理想的彼岸。

在整個二十世紀下半葉，人們一談起民航飛機，就等於在講述比爾．艾倫或者波音公司的傳奇——一個積極主動所鑄造的傳奇。

一九四五年，第二次世界大戰結束的時候，雖然波音為美國贏得戰爭的勝利做出了巨大貢獻，但它和其他大型軍工企業一樣岌岌可危。面對裁員、罷工，波音不進行「根本性的改革」恐怕將立即倒閉。

可是，當時整個航空業都很保守，沒人願意投資開發新機種，因為這不但成本高，風險也大。大部分航空公司還未從二戰造成的重創中恢復過來，而且不少航空公司只願意購買螺旋槳飛機，對新機種不予理睬。

一九五二年四月二十二日，波音公司董事會會議的記錄，記載了波音公司成立三十六年來所投的最大一次賭注——艾倫宣佈，機型七一七號的設計

已經確定，開發計畫的名稱就是——噴氣客機。

一架噴氣客機的原型機，造價大約是一千三百五十萬美元至一千五百萬美元，這對財務困難的波音來說，簡直是雪上加霜。儘管波音向美國財政部申請，希望批准免稅，但是並無任何把握。更何況等待批准，就要等好幾個月，波音公司根本沒有這麼多時間可以等待。

艾倫以他的勇氣，做出了這樣的決定：即使財政部不核准免稅申請，波音也要造出噴氣客機。

在他看來，只要有足夠的勇氣，波音的工程師就能製造出最出色的飛行器。艾倫說：「一定要製造這架飛機，就算它要動用整個公司的資源，我們也要把它造出來！」

艾倫面臨的情況極其嚴峻，在手頭既沒有軍方訂單，也沒有民間訂單，甚至在沒有「前景」的情況下，他孤注一擲，立即進行研發。正是由於他的主動，世界進入了噴氣機時代，噴氣式飛機最終成為標準的運輸飛機。

波音在短短的十年時間裡，開發出了七一七、七二七、七三七和七四七共四款商業飛機，這是民航製造史上最成功的民用飛機。到二十世紀九〇年代中期，波音並購麥道公司，擁有了世界市場超過三分之二的份額。

鑄造波音傳奇的也許只有一點——那就是主動！從一九四五年到一九六八年，艾倫執掌波音二十三年，把波音銷售額從零點三億美元提高到三十三億美元。

他領導開發並生產了波音七X系列商用飛機，人類社會隨之進入了一個嶄新的航空時代。艾倫被公認為現代商用噴氣飛機之父，入選美國有史以來最偉大的十大CEO，並且名列第二。

作為主動出擊、勇敢開啟世界噴氣機時代的榜樣，艾倫曾經讓美國參議院的整個委員會全體起立為之歡呼。他的積極進取精神，為他贏得了無盡的榮譽。

進攻者永遠都有機會，因為他們積極主動的爭取了。魯迅說，世界上本沒有路，走的人多了也便有了路。任何路都是走出來的，當機會朝人們飛奔而來時，明智的人總是能迅速出擊，抓住機遇，把它編織成美好的未來，所以當其他人謹小慎微的守在自己的「城堡」中時，總有一些人專門攻佔對手的城池，並取得巨大的勝利。

第二章　策略——

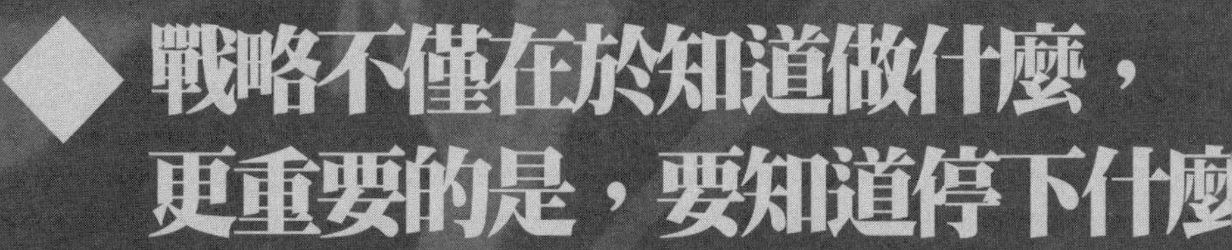
◆戰略不僅在於知道做什麼，
更重要的是，要知道停下什麼

先求生存，再求戰略

先求生存，再求戰略，這是所有商家的基本規律，你還沒有站穩腳跟就去跟人家挑戰肯定是不行的，先生存再挑戰，這樣贏的機會就會越來越大。——馬雲

有人透過網路求教馬雲有關企業生存發展之道，如下：

老馬：你好！本人遇到困惑求解答，謝謝！父親從事實驗儀器行業十三年，在廣州開公司，經營模式是全國各類別儀器的代理和總經銷。由於種類多，做起來繁雜，想轉為生產企業。今年，在上海開了一家儀器生產製造公司，在開辦之初的設想是專做瀝青儀器這一塊，別的不做。想法是透過網路

和實體同步銷售，但問題來了，從八月份到現在（十月中旬）才接到三筆訂單，偌大的開銷，怎能不心急如焚，導致父親當初的設想開始動搖了，（在這段時間裡有不少客戶詢問其他類別的儀器），多次與父親交流，「除了瀝青這一塊客戶來問，其他類別的儀器，我們做不做？」父親的意思是公司現在是出於虧本狀態，有生意就做，其他貨有廣州供應，管他黑貓白貓，能抓到老鼠的就是好貓！但我覺得不妥，企業的定位怎能動搖，雖然現在還沒有盈利，但是我相信產品做專做精，企業會有發展的，也需要時間，這段時間挺過去就行了，但是看著單子從身邊溜走確實也不甘心啊！老馬：請指點迷津啊！

馬雲回答：轉型一定是痛苦的，從貿易型轉為生產型企業，貿易型企業確實可以銷售多種產品，生產型企業無法生產太多種類的產品，這個在轉型的開始就要想清楚。

多種產品好還是一種產品好？如果你有能力多做就多做幾種，做不到就

少做幾種，這是看你的工廠的生產能力。即使多做幾種，也要做專做精，多做不等於不做專不做精。

我贊同你父親的想法，小企業的第一戰略是生存，先活下來，但是如果你想活好，那要專注。

小企業在發展的過程中，原先的設想跟後面的發展會有一些區別，客戶的需求跟你的設想也有些區別，尤其是從貿易型企業轉變到製造型企業的過程中，對客戶的理解會不一樣。

創業者要先做最容易最快樂的事情，而不是要去做最重要最難的事情，只有做最容易最快樂的事情才有可能活下來，發展起來。等到你強壯了，再去思考什麼是最重要，最具戰略的事情。

《三國演義》裡孔明設計讓關羽在華容道放走曹操是考慮到生存與戰略之間的優先順序與辯證關係。

《三國演義》中關雲長在華容道放走曹操一事，可能會有人認為，如果那時將曹操殺掉，天下便會早一點太平。其實讓關雲長放走曹操，是一個極其明智的決定。

孔明決定放曹操的真正理由是由當時的局勢造成的。曹操雖敗，但未損折其根本，他的實力依然是最為強的。如果曹操一旦就戮，曹操集團必然會土崩瓦解，那麼孫權就會成為實力最為強大的了。

考慮當時劉備剛巧取了荊州和樊城，尚未穩定自己的勢力。試想如果曹操集團過早的瓦解，孫權集團旌麾北指，劉備集團自然是守不住剛剛到手的荊州的。所以，對於劉備集團而言，曹操不但不能死，而且還得好好的活著。後來曹洪依曹操之計大破吳軍，給周瑜致命一擊。

這就是孔明要放走曹操的根本理由。先借孫權集團的力量取了荊州，再借曹操集團與孫權集團廝殺得難解難分之際，趁亂取了南郡。然後再利用曹操集團的力量牽制住孫權集團，讓孫權集團不敢輕舉妄動，於是有了時間來鞏固和經營終於屬於自己的根據地。

這樣的例在現在的企業競爭之中同樣適用。假設A、B、C企業都是經營同一種產品的。其中，C企業的實力最為弱小，A企業和B企業實力強大，A、B兩企業都在爭奪一級城市的一級市場，在一級城市裡都大張旗鼓的鋪貨，建立自己的銷售網路，無暇顧及二級城市，三級城市的市場。弱小的C企業唯一可以做的，便是利用兩家實力相當的企業競爭得白熱化的時機，正確定位自己的消費對象，搶灘登錄二級市場，只有這樣，才能夠有一線生機。如果C企業幫助任何一方擠垮另一方，接下來的當然會被勝利者所擠垮，連二級市場都占不到。這就是夾縫中求生存的戰略。

「酒香不怕巷子深」這句古老的說法現在大家都知道要改成「酒香就怕巷子深」。其實道理也很簡單，因為現在的「酒作坊」多了，「酒」更是多了去了，別人家的「酒」就未必不香，更何況人家還把「酒擺在巷子口」讓人免費品嘗了。

很簡單的道理，「先解決溫飽再奔小康」，五六〇年代溫飽問題都無法解決，高呼要奔向小康是不可能的。阿里巴巴起初也沒有想要做最大的電子商務平臺，為了求生存，馬雲費了很大的精力。生存下來了，賺到銀子了，再去塑造品牌。企業的發展之路是分階段的，不能好高騖遠。只有能夠生存下去了，才有可能做大做強，先生存，再積累資源。在機會到來的時候，再發展，做大做強！小企業求生存，中企業求發展，大企業求穩定這是真理。

要生存，就得懂得如何借助別人的力量來讓自己生存。個人能力再強也得依託在別人搭建的舞臺上，盡情演繹自己的才華。市場不是我們想像的那麼簡單，競爭日益激烈，市場在快速的被搶佔，要想啟動一個新產品，定位一個新項目不是件容易的事情。

一個企業能否在激烈的競爭環境中生存下去，還要關注其生產出來的產品品質。

產品的品質是構成社會財富的物質內容，沒有品質就沒有數量，也就沒有經濟價值。堅持產品的經濟價值和使用價值的統一，使各款產品，無論是從其設計、製造和使用，還是從其更新替代和發展，在在體現出現代科學技術、科學管理和文化發展的最新成果。而且品質是產品打入國際市場的前提條件。

人們常說，產品品質是進入現代國際市場的「通行證」、「敲門磚」。企業要想使產品打入國際市場，參加國際大循環，其前提條件就是要有過硬的產品品質、適宜的價格和約定的交貨期。

品質是企業的生命。

產品品質的好壞，決定著企業有無市場，決定著企業經濟效益的高低，決定著企業能否在激烈的市場競爭中生存和發展。必須正確的理解產品品質的內涵，增強品質意識，掌握品質和產品品質的概念和實質。

這樣，不僅對品質管制的深入發展，而且對企業的經營決策，提高經濟效益，都有著十分重要的意義。

當今企業處於一個高度不確定性的環境中，企業要滿足自身的各種需要，要生存和發展下去，只有重視與環境互動，與其所處的環境進行物質、能量和資訊等各方面的交換，才能隨時掌控環境變化的資訊，建立一種與周圍環境融洽的關係。核心生存力產生的思路源於高度變化、高度不確定的環境，這個環境的範疇已遠遠超越核心競爭力所處的市場競爭環境，更多的是面對共存共贏的合作環境。

在經濟全球化、資訊化、動態化、複雜化的今天，企業面臨的挑戰更加嚴峻，需要一種具有廣泛包容性、高度靈活性和超前性，能夠立足本土、放眼全球、引領未來，將事物發展規律融於企業經營管理的新型企業戰略理論來指導。

這種新型的企業戰略管理就是以鄧正紅企業未來生存管理思想為指導，以核心生存力為主導，以協同、合作、包容、和諧、共贏為主題的企業軟實力戰略，這是企業戰略發展的必然趨勢。

企業生存管理的核心是「應變」，但這種「應變」處於動態與靜態之

間，實際上是一種動靜結合的新型的企業管理模式，它將變與不變融為一體。企業具備多大的應變能力，將決定企業未來生存命運。

隨著WTO實質性的開放步伐臨近，大陸市場國際化趨勢更加明顯，準確的市場定位成了企業提升競爭力的重中之重。在國際市場的大區間內，企業的競爭環境更加激烈，以競爭戰略理論為指導的企業市場戰略定位，有著內容和實質的優勢。市場環境的變化需要企業基本戰略的相應變化適當改進。

有好的戰略不一定有好的結果

如果早起的那隻鳥沒有吃到蟲子，就會被別的鳥吃掉。——馬雲

在馬雲點評創業節目中，馬雲說，戰略不等於結果，戰略制定了以後，結果還很遙遠，還有很長的路要走。我們做企業的，每天都像如履薄冰般，每一天，對每一個專案，對每一個過程都要非常仔細認真。所以請大家注意，不管你擁有多少資源，永遠要把對手想得更強大一點……對資源的利用，對公司所有的人、財、物，這些關鍵資源都要用到重點的刀口上。

企業的主要目標是達成良好的績效，戰略則是達成優良績效的要件。企業能在競爭者中脫穎而出，其前提是它能建立並維持與競爭者之間的差異。

它必須給客戶提供更高的價值，或以更低的成本創造相當的價值，或兩者兼備。卓越獲利能力的演算法是：提供更好的價值，要求更高的單價，或實現更高的效率以實現更低的平均單位成本。

戰略性定位意味著企業執行不同於競爭者的活動，或以不同的方式執行類似的活動。有些企業能比其他業者從投入的元素中獲得更多的利益，可能是因為他們減少了不必要的活動、採用更先進的科技、更能激勵員工士氣，或對特定活動具有更敏銳的洞察力。

企業在成本或價格上的所有差異都是企業數百項經營活動的最後結果。這些活動都是為了創造、生產、銷售和運送產品或服務，如拜訪客戶、組裝產品，訓練員工等。成本源於執行活動，能否取得成本優勢就看企業在特定活動上是否能比競爭對手表現得更有效率。同樣，差異性源於企業選擇哪些活動以及如何推進這些活動。因此，企業的經營活動可以說是競爭優勢的基本單位。企業的整體優勢或劣勢其實來自於企業的所有活動，而非來自於少數活動。

企業戰略是對企業各種戰略的統稱，其中既包括競爭戰略，也包括行銷戰略、發展戰略、品牌戰略、融資戰略、技術開發戰略、人才開發戰略、資源開發戰略等等。企業戰略是層出不窮的，如資訊化就是一個全新的戰略。各種企業戰略有同也有異，相同的是基本屬性，不同的是謀劃問題的層次與角度。應該說，凡是涉及的是企業整體性、長期性、基本性問題的，就屬於企業戰略的範疇。

最初人們所講的「企業戰略」，主要指的是競爭戰略。一九七一年美國的邁克爾．波特發表《競爭戰略》之後，更強化了人們的這種認知。在邁克爾．波特的著作中，是把企業戰略當做競爭戰略的同義語來使用的。企業為了生存與發展不能只謀劃競爭，而應該同時謀劃許多方面。

企業發展戰略的本質特徵是發展性，是著眼於企業發展。雖然有些企業戰略也是為企業發展服務的，如企業競爭戰略與行銷戰略，但是它們著眼點與發展戰略是不同的，競爭戰略著眼於競爭，行銷戰略著眼於行銷。

不能由此認為企業任何戰略都具有競爭性這個特徵，不同的企業戰略具有不同的本質特徵。企業人才戰略著重解決的是人才問題，企業文化戰略著重解決的是文化問題，企業資訊化戰略著重解決的是資訊化問題。這些企業戰略雖然都為企業競爭服務，但絕對不會像競爭戰略一樣重點謀劃競爭問題。

企業發展戰略是企業各種戰略的總戰略，所以，企業發展戰略的整體性更加突出。企業發展戰略比其他企業戰略針對的問題更加全面。從某種意義上說，企業發展戰略是其他企業戰略的上位概念，是統帥其他企業戰略的總戰略。用企業發展戰略指導其他企業戰略，用其他企業戰略落實企業發展戰略，這是先進企業的成功之道。

在一個規範、有序的市場環境中，企業要想在競爭中取勝、要想取得長遠的發展，必須有一套清晰的戰略。沒有戰略的企業通常只能著眼於現在，為短期的物質利益而疲於經營，最終往往落得銷聲匿跡。戰略定義決定了企業的核心競爭力，使企業明確自身需要搭建什麼樣的架構，需要建設什麼樣的文化，如何去吸引和培養人才。戰略源自組織的使命和遠景。只有先明確了組織存在的根本理由和價值之所在，預見並逐步清晰了組織要達到的目標狀態，才能制定出相應的戰略。

戰略本身也是一種構想，是對未來的預測，以及對現在的指導。企業的戰略構想通常形成於企業的領導者；他們在理解企業的使命和遠景的基礎上，綜合考慮企業外部的政治、經濟、社會環境，以及企業的現狀，透過一系列非因果決定的邏輯、非線性思考進行戰略分析，從而確定企業的戰略。戰略制定出來之後，就需要考慮如何去落實戰略。

戰略通常以目標的形式表現出來；因為目標是可見的，便於傳遞和理解，從而使企業所有成員的努力都能夠朝向一個共同的目標，以實現領導者的戰略意圖。但在現實中，企業即使有了一個好的戰略，並制定出了相應的目標，也往往難以落實，這樣的例子屢見不鮮，其原因何在？影響戰略落實的因素有很多，包括外部環境的變化、企業成員的素質、企業文化等；而從目標本身來看，它能否得到有效的傳遞，是戰略能否得以落實的極為重要的先決條件。在此我們也就不難理解，為什麼德魯克提出的「目標管理」（Management By Objects）能夠成為在管理學歷史上有著深遠影響意義的概念了。

作為一個立志要生存下去的企業，必須要用良好的生產效益來說明企業戰略制定的成功性，只有生產結果才是一切戰略成功的最好證明依據。我們都是靠結果生存的，不是理由。理由是一種慢性的毒藥，一點一點的謀殺我們自己的生命。因為沒有結果，就沒有生存！一部好的電影一定要有一個讓人津津樂道的結局，要麼感人淚下，要麼讓人大笑，要麼給人感觸。在複雜的環節中總有一個簡單的道理，當簡單變成一個習慣了就有好的收穫。而把簡單的道理持續的執行下去卻需要一個堅忍不拔的恒心。

一件事情沒有做就不會有結果，做了沒有做好再說理由。目標永遠是行動的先驅，沒有目標就沒有前進的動力。就像水裡的船沒有航向，飛行的飛機沒有目的地。在結果面前不要找任何的藉口，任何藉口都是失敗的一種傾向，失敗了就繼續努力，不要讓藉口阻礙了前進的步伐，失去了人生的目標。同時要信守自己的承諾，要麼不承諾，承諾了就要做到。

活下來最重要

戰略有很多意義，小公司的戰略簡單一點來說就是活著，活著最重要。——馬雲

馬雲點評某創業節目，選手邵長青參賽產品如下：建立跨行業跨地區通用理財積分交換管理軟體系統及資料庫系統以打造聯合行銷平臺。在掌握大量的消費者資料和消費行為資料時，聯合加盟商戶開展各種專門的行銷活動並協助商家培養客戶忠誠度。

馬雲：你講性格決定命運，戰略決定格局，也講了戰略格局，你能用半分鐘時間解釋一下你們公司的戰略嗎？

邵長青：我們公司的戰略，首先我的目標，我們是中產階級生活理財第一忠實夥伴，這是我們的使命。而我相信我們有著優秀的團隊和終端運營系統，我們的兩大殺手鐧是終端運營系統和高度創新行銷服務體系，如果講這個戰略，涉及商業祕密，因為在這個行業中還有兩個競爭對手，我能不能這樣解釋，我只能打敗他們，可以嗎？

馬雲：好。

邵長青：我想在這個行業中有兩家比較強勢的競爭對手，但是第一家我相信，我為什麼能打敗他們，第一點，有一家運營商他非常信任，非常依賴於一家專業的信用卡網路體系，他相信他的網路和他的客戶資源非常的龐大，但這一點恰恰忽略了他的目標客戶，而任何一個盈利的專案一定不能離開客戶，關注客戶是你成功的必要條件。另外一家，他關注了客戶，但他的目標群不夠大，更重要的一個瓶頸是他選擇了一個承載的載體，比他的目標客戶群還要小，所以他不可能成功。而我相信這是兩個非常具有軟肋的地方，而我要運營我的終端運營平臺，和高端創新的服務體系去打敗他，這是我的強項。

馬雲：我剛才問的是，因為你講了好幾個戰略我很好奇，小公司的戰略是幾個字，活下來，賺錢。但是我覺得打敗對手絕對不是戰略。你講戰略的時候，你要很清晰的說，我想做什麼，我該做什麼，要怎麼做，我對手的情況怎麼樣，你能夠半分鐘把它講清楚，你只要講得很清楚，投資者知道你想幹什麼，這就可以了。你剛才講了幾點，你的目標，你的對手，但是我覺得想提醒的就是對手不是戰略，不要因為對手而去制定戰略。

邵長青：沒有。

馬雲：對。

邵長青：非常感謝。

馬雲：你想說他不是你的客戶，從目標來講，你是中產階級，你是資產階級。

邵長青：因為我非常看重這個龐大市場，在大陸像熊總這樣的高端客戶，我關注於客戶財富保值增值，很難提供增值計畫，我想到必須要有巨大市場，服務中產階級，不斷頻繁消費，累計積分，我在市場都有現金流的流入，這是我的商業計畫。

在美國贏利率最高的公司名單中，你看不到波音公司、福特公司、通用汽車公司這些巨人公司的名字。相反，戴爾公司、微軟公司等沒有高大廠房，雇員也很少的公司卻榜上有名。在日本，世界著名的松下電器公司、馬自達公司、豐田汽車公司的贏利是非常豐厚的，但與任天堂公司相比，它們的贏利水準就要大打折扣了。而任天堂公司的雇員不到兩百人，是一個專門開發遊戲軟體的公司，其總部只是一座四層的小樓而已。

在工業化時代，高大的廠房和煙囪成為公司實力的象徵。在後工業化時代，世界各國的大公司都陷入了「大企業病」，他們的發展步履維艱，生產與銷售僵化。與此相反，小型工商業在世界各國蓬勃興起，逐漸成為各國經

濟的中堅。雖然，大公司仍然在基礎工業領域佔據領袖地位，但小企業以其經營的靈活性，正處在如火如荼的上升階段，難怪有一位著名的經濟學家說了這樣一句話：「未來是小公司的天下。」

美國《財富》雜誌列舉全美國發展最快的五百家公司中，百分之三十四是靠不到一萬美元的資金發家的，還有百分之五十九是靠不到五萬美元的資本發家的。我們面臨的情況正從越大越好轉向「小的就是好的」。雖然有一萬塊錢，根本算不了什麼，但還是可以讓你做任何你想做的生意。

小型公司一般都是有特定業務對象的公司，對確定的業務範圍要求很高，如果公司不能確定一定數量的客戶，那麼在經營之初就會遇到很大的經營困難。相反，如果能有一定的客戶，在公司經營之初，就會有更快的資金流通，從而有利於業務發展。擁有自己的特長，別人無法替代，或者無法比自己做得更好，這種情況特別適合個人創業。所以，絕大多數的小公司創業者都有自己的技術。小公司之所以能適應這個世界，首先是船小好掉頭。

小公司欲在立足並獲得防禦的力量之前，應為自己爭取更多的時間和空間積累競爭優勢。

第一種選擇是進入一個被大公司忽視了的細分市場，這個細分市場或許是大公司需要管理的目標市場太多，精力上、資源上無暇顧及，或許是大公司準備進入，但由於其市場潛力的不明朗性，公司有其他更好的產品，暫時將它擱置了。小公司進入這個細分市場一般採取差異化的戰略，而很少一開始就採低成本戰略。對於新興的細分市場，企業更願意實行差異化獲得更高的溢價和市場忠誠度。

第二種情況是進入已被大公司佔領的細分市場，這一細分市場，小公司面臨的產品——市場選擇。產品有兩種選擇：同一性產品（與大公司一樣）和差異性產品；細分市場也有兩種選擇：焦點區域和邊緣區域（按照大公司市場的投入力量的強弱劃分，焦點區域是投資比較大的市場，比如地理位置上的城市和農村市場的劃分）。顯然，如果用同一性的產品，要想取得市場

份額必然要降低價格，採用各種促銷手段刺激顧客購買，這種搭便車的策略固然能夠瓜分一定的市場份額，然而如此公然挑釁必然招致大公司的反擊，這種選擇是行不通的。而如果採用差異化的產品，例如提供更好的售前和售後服務，包括提供更好的品質保證等等，並同時在邊緣區域經營，這樣既可以享受到大公司已經開發好的市場成本的節約，又可以避開與大公司的正面衝突，延長積蓄力量的時間。因為大公司阻止中小企業的進入，代價是很高的，不僅僅要付出狙擊成本，還可能影響到其他細分市場的利潤。市場的領先者將精力投放於市場總需求的開拓所帶來的好處往往大於狙擊進入者的好處。所以在小公司進入細分市場的初期階段，大公司反擊的成本遠遠高於容忍的收益，任何理性的經濟人都會選擇共存的結果。

當今世界，各種資訊相互交織，商場風雲變幻，讓人目不暇給。小公司因為對市場的感覺敏銳，可以迅速根據市場的變化改變自己的經營方法，改變自己產品的性能。而大公司，由於其管理的僵化，對市場的反映比較遲鈍。即使感受到了市場的變化，往往也無法立即適應它。而且，小公司的負責人往往就是老闆，他們享有自己安排工作的自由，能夠獨立作出決斷，在經營中能夠及時貫徹自己的意圖，而不用和其他人商量，對於風險和經營計畫可以做到隨時更改，這與大公司冗長的會議形成鮮明的對比。這是許多有志氣的青年願意獨立創業的主要原因。

要跟經歷過磨難的公司合作

我覺得雅虎這麼多年來還能堅強的活著，而且還不斷的發展，特別是在大陸經歷的磨難也好，發展也好，我喜歡跟經歷過磨難的公司合作。——馬雲

智慧只從磨難出，梅花香自苦寒來。而最佳實踐恰恰是為了讓你躲避或者規避可能的麻煩與磨難，並使你短期之內坐收小利。真正偉大的企業從不懼怕困難和挑戰，而是把每一次的挑戰轉化為突破自己的機會，獲得企業智慧的途徑。

企業家是企業的最核心競爭優勢。成功的企業家不是那些越來越乖巧之

人，而是那些越來越有智慧之人；企業也適用同樣的道理。

投資大師巴菲特曾經有這樣一句名言，只有大潮退去才能知道誰在裸泳。在經濟狀況好的時候，那些一夜成名的明星企業備受關注，但是一遇到市場危機，它們當中的絕大多數都會被打回原形。

毫無疑問，二〇〇八年是溫州皮革業的災難年。先是政府的一紙環保禁令導致鹿城水場關停，後是金融風暴席捲而來致使皮革業哀鴻遍野，使溫州皮革業陷入低谷。但歷經數十載滄桑巨變的溫州皮革業，並未被接二連三的困難擊倒，而是堅定信心謀發展，迎難而上破困境。

水場關停曾一度導致溫州皮革產值短期下降，也導致部分皮革企業停產或轉產，但三十餘家規模以上企業無一家出現類似情況。經過多方努力，被關停的水場陸續找到新的加工管道，基本恢復生產。

進入下半年以來，在金融危機影響日益減弱和經濟企穩回升的大背景帶動下，溫州皮革業的發展也開始由低谷逐漸轉入正常。正如溫州甌海區皮革

商會何治權祕書長說的那樣：最困難的時期已經過去，冬天過去了，春天還會遠嗎？

據大陸政府相關部門統計顯示，溫州甌海區真皮及其製品產值二〇〇六年為七十九億元人民幣，二〇〇七年為七十二億，二〇〇八年降為七十億，最新出爐的資料顯示，二〇〇九年上半年這一資料為三十五億，與二〇〇八年持平。而據瞭解，五月到七月為生產淡季，下半年則是持續旺季，目前，規模以上企業的生產線大多忙得不可開交，如果工人不加班趕工，就根本無法如期完成訂單加工任務。以此判斷，今年溫州皮革業總產值必然高於去年。

專業人士分析稱，困難是暫時的，發展是永恆的，水場關停風波和全球金融風暴並未給溫州皮革業帶來致命打擊，由水場關停導致的皮革業前工序外遷已經度過了最困難的時期，這也是許多皮革企業面對各種困難照樣建設、搬遷新廠房的原因所在。

也有人分析認為，儘管水場關停過於匆忙和倉促，為溫州皮革業帶來了不小的影響，但從長遠的角度來看未必不是一件好事，由水場關停所形成的倒逼機制，可以逼迫溫州皮革企業由小而散的生產模式轉而邁上集中生產、集中治理的康莊大道。

吉姆·柯林斯在《基業長青》中，曾經就那些全球領先企業的長久卓越之道做了精彩的闡述：卓越是每一個企業的目標，更是每一個追求基業長青的企業的夢想。但在走向卓越之前，所有的企業首先必須要盡可能的活下去、活得久。生存是卓越的前提。只有經歷了多次市場暴風驟雨的洗禮，依舊屹立不倒的企業才可能走向卓越。所以，跑得快的企業未必能跑得久。

企業在經歷危機的時候，必須審時度勢，制定相應的戰略。金融危機對於全球任何一家企業都會帶來影響，但重要的不是去感歎危機的迅猛或打擊面的寬泛，而是應該基於企業自身的情況，因地制宜的制定相應的政策，把市場損失減少到最小，並最終贏得市場。

能夠度過寒冬的企業必須擁有著扎實的內功，不僅來自於市場銷售數字的漂亮，更要有主導企業能夠長期發展的戰略體系及相應的戰略組織框架。因此，企業要成就卓越，僅僅區別於供應商或競爭對手還不夠，還必須在市場上時刻保持領先的地位。即在市場上，無論是企業形象還是市場份額，都要確保自己能夠獲得更多用戶的信任。

在磨難之中，你當然需要借鑒別人的最佳實踐，以減少過程中的痛苦，但是你千萬不能錯過每一個錘煉自己的機會。傑克‧韋爾奇曾說過，一個企業的戰略只需要五頁PPT就夠了；然而如果沒有經過多年的磨難與思考，你如何確保如此短的篇幅能夠體現出你的企業智慧？

在《利潤定律》中談到，利潤總是隱藏在產業鏈的薄弱環節中；同樣的，戰略性轉型的機會也隱藏在企業面臨的挑戰之中，挑戰孕育機會，磨難造就英才。大陸企業為了實現跨越式發展，就得忍受更多更痛苦的磨難。成功企業的過人之處就在於將危機轉化為機會，借助危機推動企業轉型。

金融危機只是週期性的金融系統「低迷」，並非恒久的衰退，當所有人都停止或減慢增長的腳步時，正是企業靜下心來分析市場趨勢和用戶應用需求的時候。明白了其中的原因，企業就能抓住其中的機遇，從而獲得利益。

面對危機，每一家公司的收入都會銳減，但只要透過一些非常科學、先進的組合，依然可以獲得「贏」的結果。

著名經濟與管理學家阿里．德赫斯曾在他的著作《長壽公司》中提到：「度過了無數寒冬的長壽公司都歷經戰爭、經濟蕭條、技術和政治變革的洗禮，卻總能夠將自己的觸角伸展開，坦然的面對未來將要發生的一切。一句話，它們擅長學習和適應環境。它們對環境非常敏感，能夠與時俱進，關注變化，適應市場，適應外界的需求。」

當然，除了企業外部環境的惡劣會影響企業生存外，企業自身在成長期也會遭遇種種的困難。首先，在初創期，企業信用度不高，融資管道匱乏，稍有不慎可能就會失敗，而一旦失敗，沒有人會為你輸血。這一階段，企業必須為生存而維持收支，這樣才不至於夭折。而作為企業的管理者，必須知道有收入不等於有利潤，有利潤不等於有真金白銀。很可能你以為你在賺錢，實際上你卻在虧損。這是初創期的磨難。

其次，在成長期，很多企業度過了生存危機，開始擴張，需要大量資金發展市場和擴大生產。企業收入在劇增，但應收賬款也在劇增。這時候最危險的，莫過於管理者被前期的勝利衝昏頭腦，再投入時沒有節制，最終導致資金鏈斷裂。這種悲劇在國內一再上演，表現形式不一，但最終的結局一樣——企業破產倒閉。這是成長期的磨難。

最後，在企業的成熟期，企業的業務趨於穩定，現金流充裕，但利潤開始減少，成長乏力。這時候的當務之急主要有兩個：一是提高企業的效率，想辦法降低成本，保持產品在價格上的競爭力；二是探索新的業務，測算好新項目的投入產出。但我們也看到很多企業成本控制缺乏方法，或者投資盲目，導致很多項目迅速失敗。這是成熟期的磨難。

不管是在企業的哪個階段，只要我們心中有計劃、勤於行動、注重控制、持續改善，就能度過種種磨難。安越的「企業高管財務管理研修班」不是教你如何學習記帳和算帳，而是強化你的決策、行動和反應能力，在戰勝磨難的過程企業會越來越強大。可以說，磨難是企業在行業中做穩做大的必經歷程。

先消化學到的招數然後自然的使出來

我想做任何事，要把所有的招數在自己消化了以後，再很自然地使出來。——馬雲

無論是做事還是創業都要善於積累，在積累的基礎上厚積薄發，舉一反三，將之前所積累的知識或資源進行融會貫通。

「至聖先師」孔子曾對他的學生說：「舉一隅，不以三隅反，則不復也。」意思是，我舉出一個牆角，你們應該要能靈活的推想到另外三個牆角，如果不能的話，我也不會再教你們了。後來，大家就把孔子說的這段話變成了「舉一反三」這句成語：學一件東西，可以靈活的思考，運用到其他

相類似的東西上！

融會貫通是一種學習者可以做到知識遷移的狀態。表面上並不完全同類的知識具有某種共性，學習者從中掌握了不同門類甚至不同領域知識的共通性，從而將一個領域更深的理解轉移到另外的領域當中。

那麼如何做到知識的融會貫通呢？

首先應該對每個門類或者某個問題有比較深入的理解，並能從中抽象出共通性的理性知識，進而將其儲存在記憶當中。

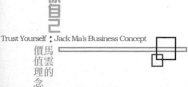

然後再進行其他門類的學習和思考，進而抽象另外的共通性。當學習者發現抽象出的東西中具有某種共性的時候，進而就可以將不同領域的知識串聯起來。一種領域的思維方式就可以遷移到另外的領域。這就完成了知識的遷移。

已故諾貝爾經濟學獎得主哈耶克曾提出「積累進步」的思想。在哈耶克看來，進步應當具有連續性，而連續性是要靠積累才能獲得的。積累進步需要建立在對既往基礎的承認和尊重上，每一次進步都應是在既往基礎之上的進步，而不是某種徹底否定、徹底打碎的重新開始。

透過知識管理將公司內部的資訊積累，保存起來。這是企業內開展後續知識管理戰略的基礎。比如一個企業的檔案管理體系，將公司內有價值的資料歸檔。比如企業的資訊系統，將企業的業務資料保存下來。這些都為未來的企業進行決策和判斷提供了事實基礎。

《麥肯錫方法》中提到麥肯錫公司解決問題的程式的第一步就是：以事實為基礎。事實是友善的，可以作為知識創新的土壤，有了寶貴的知識積累，知識創新才能成為可能。

比如美國福特公司積累了大量的發動機實驗資料、撞車資料。利用這些資料，可以迅速進行電腦的類比測試。比如透過模擬測試，發現有一種噪音實際是從地板上產生的，而不是其他地方。這樣發現了噪音源就是一個重要的突破。為設計新的低噪音的汽車提供了寶貴的依據。

相反，對準備進入這個領域的競爭對手，就會發現這個優勢是無法模仿的。

將積累的知識在企業進行共用。如果知識只是積累，而沒有提供共用和交流的方式，沒有形成知識在企業內部的自由流淌。那知識積累的價值就沒有展現。

從現今的經濟來看，經濟模式從封閉性、地區性向開放性、全球性轉變。故步自封的想法是可笑和危險的。將企業內寶貴積累的知識在企業內共用和交流。讓知識共用成為一個企業的文化。那麼一項產品的失敗的教訓，會成為企業所有產品的借鑒。一項產品的成功的經驗，也會成為企業所有產品的學習方式。將一項產品的個體行為，拓展成一個企業的整體行為。將提高企業利用知識的整體價值。

經驗和教訓都告訴我們，企業和社會發展的常態，應是在秩序穩定的環境中透過漸進的改良或改革的積累來逐步達到，一個不斷積累的企業和社

會，才是有歷史有希望的企業和社會。

企業的成長離不開領導階層和員工的努力，所以，不僅企業的成長需要將戰略融會貫通的運用，企業中領導者的決策和員工的技術成長也離不開舉一反三、厚積薄發的素養。

學習理論，方法問題很重要。方法得當，事半功倍；方法不當，事倍功半。融會貫通是一種很重要的學習方法，在理論學習中應大力宣導。

把各方面的知識或道理融合貫穿起來而達到系統透徹的理解。《朱子全書．學三》中講到「舉一而反三，聞一而知十，乃學者用功之深，窮理之熟，然後能融會貫通，以至於此」。

融會貫通要求在學習理論的過程中，做到由表及裡、由此及彼，掌握理論體系，把握理論精髓，並用理論指導實踐，在實踐中深化理解。融會貫通與學以致用是統一的。

融會貫通是精通，是真學；學以致用是會用，是真用。二者相互促進、相互依存。

當然，融會貫通不僅僅是學習方法、學習要求，還是一種學習過程、學習效果，更是一種學習態度、學習風氣，一種老老實實的態度，一種扎扎實實的學風。

做到融會貫通，從根本上說，必須堅持理論聯繫實際。為此，特別要注意掃除主觀主義的思想和作風。主觀主義的主要特點是，不從實際出發，不進行周密的調查研究，忽視客觀事物的具體特點，單憑個人願望、想像或書本盲目的決定和處理問題。

在理論學習中，主觀主義危害很大，可以具體表現為教條主義、經驗主義、實用主義和形式主義。

教條主義是輕視感性認知，片面誇大理性作用，不從實際出發，而從個別詞句出發，把科學理論當做教條，拒絕具體情況具體分析，否認實踐是檢驗真理的標準。教條主義者只知道咬文嚼字，照搬照抄，照本宣科，一切都以書本上講過沒有、怎樣講的為標準，書本上說一就是一，說二就是二，對現實生活的千變萬化熟視無睹，不予研究。

經驗主義是輕視理論對實踐的指導意義，片面誇大感性認知的作用，把局部經驗神聖化，把它說成是普遍真理，到處搬用。經驗主義者往往囿於一域，故步自封，只見樹木，不見森林。

實用主義則對理論採取庸俗的態度，一切以自我、本單位、本部門的利益為準繩，斷章取義，各取所需，甚至隨意曲解理論的原意和精神。

抱實用主義態度的人只對合乎自己口味和需要的詞句感興趣，只關注對個人或小團體眼前有利的東西，合意者取之，不合意者棄之。這些人在實際工作中往往抓住一點，不及其餘。

形式主義則是熱衷於做表面文章，追求形式上的熱熱鬧鬧，既不下工夫學習和掌握科學理論的基本內容和基本精神，也不下工夫去研究和解決實際問題。

持形式主義態度的人在理論學習中往往淺嘗輒止，滿足於一知半解，只知其一，不知其二，只知其然，不知其所以然，甚至表現為說一套做一套，對人一套對己一套，對上一套對下一套……上述主觀主義的種種不良學風，雖然表現在一部分人身上，但害人害己，危害極大。它們是一種投機取巧的態度、浮躁輕薄的學風。

這樣的「理論學習」，取不到「真經」，學不到「精髓」，更談不上融會貫通。因此，只有掃除教條主義、經驗主義、實用主義、形式主義這些攔路虎，才能做到融會貫通。

做到融會貫通，必須下工夫讀通讀懂原著。這裡一方面是多讀、熟讀，所謂「書讀百遍，其義自見」，就能掌握理論的基本內容和基本觀點；另一方面是會讀、讀好，即尋求科學理論各觀點之間的內在聯繫，掌握理論體系，把握理論精髓，掌握科學理論中的世界觀和方法論，也就是運用科學理論解決實際問題的立場、觀點和方法。

特別是各階級的領導幹部，既要根據實踐變革的要求，從總體上領會理論的基本觀點和基本精神，又要從各自的工作領域對理論的相關內容進行系統鑽研和深入理解，從而使理論學習伴隨新的實踐、新的任務而走向更高的境界。

適當的時候學會隱藏自己的長項

有時候把自己的長項藏起來，弱項暴露出來沒有關係。——馬雲

馬雲：我想講一個故事，你說每天看一個小時的書，如果你看了很多書，千萬別告訴別人，因為告訴別人他們就會不斷考你。我去金庸家參觀，滿屋子的書，我說你看嗎？看。晚上喝酒的時候，我問他二戰的情況，他講得非常好。講澳大利亞的軍隊怎麼怎麼樣，我說您看了這麼多書，他說我書看得很少，幾乎不看書。有時候把自己長項藏起來，弱項暴露出來沒關係，這是我的建議。

人有一分虛心，就會增加一分謙讓；守住一分禮貌，就會減少一分狂

態，傲不可長，欲不可縱，志不可滿，樂不可極，氣就怕盛，心就怕滿，才就怕露。這些都精闢的論述了做人做事的道理，值得在工作、學習和生活中思考和借鑒。

謙虛做事是一種思維，一種哲學，一種高尚的道德修養，一種大家之氣的風範。每個人都渴望成功，每個人也都能夠成功；追求成功代表了人生的積極，積極的人生將不乏奮鬥，也不乏快樂。誠然，不同基礎和能力的人成功的標準不同。

我們的先人們利用自己的實踐和智慧，打造著開啟同一法門的不同鑰匙。「己欲立而立人，己欲達而達人。」就是眾多金鑰匙中的一把，它與「己所不欲勿施於人」共同築成了兩千年來東方儒學文明的基礎。無數的歷史和事實證明，淺顯易懂的金牌道理中蘊藏著深厚的哲理，它將引導你進入上升的螺旋。那些趾高氣揚、自作聰明的人可能獲得暫時的便宜，但將償付出局的代價。

現實工作生活中，我們無時無刻不在經歷著人與人、單位與單位之間的接觸和配合，我們捫心自問，是否有心胸和悟性首先做到支持其他人、其他部門，還是以各種充足的藉口提高著本人和本部門的本位主義？我們獲得和失去的又都是什麼，欲立己先立人的道理多麼顯而易見。

低調做人是一種境界，一種修養，一種勇氣，一種智慧，一種去留無意的胸襟，一種寵辱不驚的情懷。一個人不管名有多顯、位有多高、錢有多豐，面對紛繁複雜的社會，也應該保持做人的低調。有道是：地低成海，人低成王。高效是一種不懼艱辛的精神，也是成功者必須具備的工作方法。高效是一種良好的習慣，也是一種頭腦的清醒。只有高效才能打造一個人的競爭優勢，提升核心競爭力，戰勝對手贏得輝煌。低調做人，要拒絕傲慢，謙虛待人。低調做人，要拒絕浮躁，心境平和。低調做人，要拒絕虛言，少說多做。低調做人，體現的是一種成熟、一種自信、一種智慧。高效做事，不在毫無章法的急躁，而在於抓住每天工作的重點。高效做事，不在粗魯莽撞

的宣洩，而在於腳踏實地的執行、跟蹤、落實。低調做人，一次比一次穩健；高效做事，一次比一次優秀。

智在於治大，慎在於畏小，一次深思熟慮，勝過百次草率行動，堤潰自蟻穴，細微應謹慎。恭為德首，慎乃行基。謹慎是「不糊塗」的基礎。一個處事謹慎的人，必然是頭腦清醒的人，必然在大是大非面前不糊塗。低調做人，虛心做事，慎而思之，勤而行之。遠慮在先，就能近處無危。處順境飄飄然，洋洋得意，遭挫折就怨天尤人，牢騷滿腹，必定難成大器。「常在河邊走，就是不濕鞋」，看的是你的功力和定力。

謙虛使人進步，驕傲使人落後不僅是家長教導孩子、老師教育學生、領導訓導下屬的常用語句，甚至成為一種企業訓導詞和鞭笞狂妄自大者的精神用語，很多企事業機構都在強調這句話的精神內涵。

謙虛做人，如果你總是很謙虛，很尊敬他人，總是認為「三人行必有我師」。那你就會「收穫許多，快樂許多」。當上司尊重你的時候，你會樂意與他溝通和彙報工作；當你尊敬上司或他人的時候，你會從中獲得許多知識和快樂，因為你尊敬他們的時候，他們會樂意將自己的學識、經驗傳授給你，同時又對你友善，你在愉快中學習，既獲得了知識，又得到了溫暖。

低調做事，不管你是多麼的大富大貴，也不論你地位有多高、掌控的權力多麼大，你都要調整自己的心態，收斂住日漸膨脹的心和抹去不耐煩的表情，更要收藏起那張狂妄自大的臉。想一想自己是平民百姓時的事情和心態。當你用平常心去很好的處理一件事情後，你會收到很多意想不到的收穫；當你將發自內心的笑展現給你周圍的人，將溫暖的話語傳遞給你的朋友和同事們的時候，你的周圍會形成一種非常和諧的氛圍，你的行為可以感染一批人，你的下屬、同事或朋友會自覺的圍繞在你的身邊，人們會更加尊敬你，更加仰慕你，更加維護你。

人的一生，會遇見無數的人，如果把遇見的每個人都當成老師，就能學到許多課堂上無法學到的知識，也可能化解許多不必要的阻力和麻煩。記得

一句這樣的話：向尊長謙虛是本分；向平輩謙虛是友善；向下屬謙讓是高貴；向所有人謙和是安全。所以，不論何時何地，不論面對的是什麼人，都先要牢記「謙虛」兩字。

人都不是十全十美的，就像尺與寸一樣，各有所長各有所短，所以當你與人相處時，總是謙虛地說著話，總是以請教的姿態出現的時候，那人們就會對你敞開心扉，說著他們的處事經驗，告誡你的不足，你從中會得到意想不到的收穫與效果。

謙虛做人，低調行事，並不是每個人天生就具備的，是長期的學習工作實踐過程中不斷提升自身修養「修煉」來的，這要看修煉者本身是不是一個高瞻遠矚的人，是不是一個風格高尚的人，是不是一個有人格魄力的人！

謙虛是低調做人的美德。謙虛的人，說話辦事講究得體與分寸；驕傲的人，往往趾高氣揚，不可一世，結果總是影響或妨礙自己的進步與發展。驕傲自滿是一個可怕的陷阱，這個陷阱不是別人製造的，而是自己親手挖掘的。把自信與自豪藏於內心，待人接物低調做人，高效做事，並非無能，而是有涵養、有能力的表現。從《尚書》中的「滿招損，謙受益」、魏征的「傲不可長，欲不可縱，樂不可極，志不可滿」，到別林斯基的「一切真正的和偉大的東西，都是純樸而謙遜的」，許多先賢都對謙虛給予贊許。

謙虛不僅是取得成功的方法之一，它本身也是人生修養與磨礪必不可少的過程。莎士比亞認為：「一個驕傲的人，結果總是在驕傲裡毀滅了自己。」而一個謙和恭順、虛懷若谷的人卻因為能夠取別人之長補自己之短，往往能夠獲得成功。謙虛與謙卑的美德，不是與生俱來，而是在後天的行為中逐漸養成。

人的成長是呈螺旋式漸進的過程，少年時代，年輕氣盛，並不少見，隨著歲月的流逝和閱歷的增長，在成長的過程中自覺地加強自我修養，才能逐漸錘煉、養成良好的品行與習慣。曾經有人指出：「只有堅強的人才謙虛。」謙虛和謙卑確實具有一種不可替代的力量，助人正確地認識和處理人

生道路上的困難與挫折，並在各種困境中磨礪成長，最終走向成功。

謙虛是透過自己的努力與奮鬥來發展自己，享受人生不斷進取與進步的樂趣，而不是以別人的好惡來評定自己的價值觀。謙虛的胸懷和修養可以把一個平常之人修煉成為一個具有良好道德品質素養的人，他們言為人師，行為楷模，高尚偉岸，令人崇敬。說到底，謙虛和謙卑不是為了使自己成為一種楷模，而是個人內心修養和人格完善之需要，不是為了悅人，而是為了悅己，是享受一種發自內心的充實與樂趣的自覺行動。

使棍使得好的人不一定要去使槍

做得很好的時候，根本就不用去想著做新的行業。使棍使得好的人不一定會去學使槍，因為他覺得使棍使得好，沒必要去學使槍。——馬雲

二〇〇五年十二月，馬雲在北京大學中國經濟研究中心發表演講時講了這麼一段話：

「任何行業正因為你有歷史，你有光輝燦爛的歷史，才會阻礙你的發展。如果你在傳統行業做得很好，你根本就不用去學互聯網，這都很正常。有的人因為窮，而窮則思變嘛，對不對？你因為有錢，做得很好的時候，根本就不用去想著做新的行業。而我們這些年輕人從來都不知道怎麼使棍使

劍，但是，我們看到一把槍就去使一下。使棍使得好的人不一定會學使槍，因為他覺得使棍使得很好，沒必要去學使槍。」

馬雲認為，每個人要做自己的強項才有競爭力。阿里巴巴一直專注於中小企業電子商務領域，正是由於對自己優勢的認識以及堅持，才使其取得了今日的成就。懂得經營自己的強項是成功的關鍵。

在馬雲看來所謂的門戶網站和電子商務網站的最大區別不在商業模式，不在技術，不在組織架構，而在用戶體驗。「辦農場」是門戶網站對用戶體驗的創造，而「開飯店」是電子商務的使用者體驗創造。因此他強調阿里巴巴要專注於自己的領域，發揮自己的強項，努力「開好飯店」，不去一味多元化。

二〇〇四年馬雲在接受媒體採訪時說：「我認為門戶網站是辦農場的，養雞、養鴨，什麼都有，但是讓他們開飯店就不行了，這是兩個概念。我覺得我們不養雞，但是可以整合資源，把各種原料拿來，做出好菜。每個人都應該做自己的強項。一個公司必須把自己的強項做到最好才有競爭力。」

「重點突破，所有的資源在一點突破」，馬雲認為：只要你能憑藉自己的力量去做成功一件事，你就絕對不是失敗者。

經常有人興致勃勃的說要改變自己，為了改變自己必須總結一下自己，並加以認知。要全力改正缺點，彌補不足。但是，這是多年來的一個誤解。花費大量的時間精力關注在劣勢上會活得很辛苦，很不精彩。模糊部分弱點，集中發揮自己的優勢才有競爭力。

在一九八四年奧運會上，當大陸隊再奪金牌時，一名記者問大陸教練，「請介紹一下貴隊的訓練。」

「我們每天訓練八小時，專練我們擅長的打法。」

「你能說的更具體些嗎？」

「我們的哲學是：如果你能最大限度的發揮所長，那你的優勢就會大得足以淹沒一切弱點。你瞧，我們的贏球手只打正拍。儘管他不善於打反拍，

並且他的對手對此一清二楚，但他的正拍勢不可擋，所以仍能穩操勝券。」

寥寥數語，卻如此清晰的道出了優勢理論的真諦。

生活的真正悲劇並不在於我們每個人都沒有足夠的優勢，而在於我們未能使用我們擁有的優勢。班傑明．富蘭克林把浪費的優勢稱為「陰影裡的日晷」。

每個人的天賦各不相同，當我們做一件事的時候如果喜歡並一學就會，就可能很擅長此行。一學就會的人常常有一種「我天生就會」的強烈感覺，而如果一個人怎麼學都不開竅，證明他在這方面的確是不擅長的。

一位美國退役軍官曾是一家著名保險公司最為看好的新員工，從他的履歷來看，他非常有可能成為公司的明星。因為他當過傘兵，獲得過哈佛大學的MBA，服役表現十分優秀，能言善辯，並與當地數百名軍人關係密切。他的經理毫不諱言的期望他大展宏圖。他自己也十分的努力。

然而，他做了無數次銷售報告，卻毫無結果。經理聽完錄音後發現，他的報告幾乎天衣無縫。他強調了投保的收益，介紹了各種保險產品，傾聽顧客的需求，一切都表現得好極了。然而，到了向顧客要訂單時，他卻張口結舌，語速突然加快，重來一輪銷售演說，卻不張口要訂單。他使自己和顧客都筋疲力盡，卻什麼都沒賣出去。

他參加了數月的成交技巧培訓，依然於事無補。但他拒不承認推銷保險非他所長，於是轉到了另一家有「嚴格的紀律和更好的培訓」的公司。他憑藉自己的出色履歷（加上新近獲得的行業經驗），很快受雇於另一家一流的公司。剛開始的幾星期，他賣了幾張保單後，大受鼓舞。然而，與更多的客戶握手言歡後，他的「噎住綜合症」死灰復燃。不過他越挫越勇，工作也更加賣力了，並且繼續規劃工作和不斷「修改計畫」。然而，在強手如林的環境中拼搏了一年後，他最終撐不下去進了醫院。

後來，他獨自經營了一家馬術訓練場，結束了非要張口向人要訂單的夢魘，生意出奇的好。認定他能推銷的錯誤期望幾乎要了這個退役軍官的命。

所幸的是，他及時轉到了另一個與他優勢相吻合的領域。

「只要工夫深，鐵杵也能磨成針」是沒錯，可如果你是牙籤呢？做自己不擅長的事，很吃力且不一定會成功，自信心也會遭受很大的打擊。我們每個人的精力都是有限的，沒有必要總是把精力大量的耗在自己的弱勢上面。使棍使得好的人不一定要去使槍，做自己的強項才是抵達成功最快的路。

奧托．瓦拉赫是諾貝爾化學獎得主。瓦拉赫讀中學時，父母為他選擇的是一條文學之路，不料一個學期下來，老師為他寫下了這樣的評語：「瓦拉赫很用功，但過分拘泥，這樣的人即使有著完美的品德，也絕不可能在文學上發揮出來。」

父母只好讓他改學油畫。但瓦拉赫既不善於構圖，又不會潤色，對藝術的理解力也不強，成績在班上是倒數第一，學校的評語是：「你是繪畫藝術方面的不可造就之才。」

但是化學老師認為他做事一絲不苟，具備做好化學實驗應有的品格，建議他試學化學。父母接受了化學老師的建議。這下，瓦拉赫的智慧火花一下被點著了。文學藝術的「不可造就之才」一下子變成了公認的化學方面的「前程遠大的高才生」。

這就是「瓦拉赫效應」：人的智慧發展都是不均衡的，都有智慧的強點和弱點，人一旦找到自己的智慧最佳點，使智慧潛力得到充分的發揮，便可取得驚人的成績。

經營自己的強項，做適合自己的事才能取得成功。最適合自己去做的事是自己最感興趣、自身素質能夠滿足要求、客觀條件許可的事，這幾種因素缺一不可。先做對事情再加上恒心和毅力，才能有希望做好，有較大的把握做好。

每一個人都有自己的興趣、愛好，都有自己擅長做的事，因而要取得成功，就要把自己奮鬥的目標定位在自己熱愛的事業上，不能選擇自己興趣不大或者毫無興趣的事。

無論做什麼事，都要自身的基本素質許可，如果是一些特殊的職業，對一個人的要求會更高。有的職業對身體素質要求比較高，如運動員、演員、飛行員、時裝模特兒等；有的職業對智力要求比較高，如科學家、作家、商業策劃人員、電腦專家等；有的職業則要求所從事的人員綜合素質好，如政治家、外交家、電視節目主持人、高級管理人員等。還有一些特殊的職業，對人的某一個方面有特別的要求，一般人難以從事這些工作，如調酒員，則要求有獨特的味覺和嗅覺等。

因而，光有愛好、興趣還遠遠不夠，必須具備從事這項工作所需要的身體或智力條件。就像很多人都羨慕運動員、演員的風光，但是，要想使自己成為一個運動員或演員，並不是僅靠愛好就能夠做到的。

當然，具有良好的自身條件，並不意味著我們做什麼事都會成功，還需要一定的客觀條件許可才能成功。例如，農民種莊稼，關鍵是要有種子，但是有了種子不播種在田地裡是不行的，播種在土裡，如果季節不合適、沒有雨水、沒有陽光等仍然是不行的。可見，客觀條件和主觀條件一樣重要。

卡內基認為：一個人要實現自己的價值，就應當珍惜這有限的時間，選擇最適合自己的事。否則只是徒然的浪費時間。人應該努力根據自己的特長來計劃自己，量力而行；根據自己的環境、條件、才能、素質、興趣等，找到適合自己的工作。

持中守恆，懂得進退

要跑得像兔子一樣快，又要像烏龜一樣耐跑。——馬雲

早在馬雲一九九九年以五十萬元起家之前，中國互聯網的先鋒瀛海威就已經創辦三年了，該公司採用美國AOL的收費入網模式。馬雲正好相反，採用的是免費策略，即對買家和賣家都是免費的，先將大家請進來，以此建立阿里巴巴的用戶基礎。後來馬雲用一個古老的寓言來解釋他的這一做法：我們必須比兔子跑得快，但又要比烏龜更有耐心。

我們從小就知道龜兔賽跑的故事，兔子原本比烏龜跑得快，可是烏龜的耐心使它戰勝了兔子。兔子雖有實力，卻因驕傲輕敵失敗，成為後來人們引

以為戒的對象。

一九九九年，大陸上網人數達五百萬人，互聯網在大陸掀起了第一輪狂潮。而在此之前的一九九五年，僅有三千人上網。互聯網的迅速發展讓馬雲看到了機會，也讓他冷靜下來。他說自己喜歡開慢車，尤其是在不清楚前方會有什麼障礙的時候。

馬雲事業的大轉折，也是在一九九九年。網易大舉北上，馬雲卻做出了南歸的決定，他帶著幾個創業夥伴撤回了杭州。

把公司中國區總部放回杭州，讓馬雲躲過許多災難。如果放在北京，他會被媒體大卸八塊，也會變得很浮躁，人家跳舞他也跟著跳舞，人家悲哀他也跟著悲哀。當時全世界都這樣，北京、美國、歐洲都一樣。馬雲承認，他不一定能把持得住，北京是一個很浮躁的地方，不適合做事。當時馬雲只是認為電子商務的主要聚集地不應靠近資訊中心，而應靠近企業中心，沒想到這一決定使阿里巴巴得以躲過後來的血雨腥風。

回到杭州以後，阿里巴巴確定，六個月內不主動對外宣傳，一心一意把網站做好。那一年，當互聯網到處都是一片欣欣向榮的景象時，阿里巴巴卻在閉門造車。

經過在杭州一年的修煉內功，加之阿里巴巴接連獲得兩筆融資，馬雲認為對外進行宣傳的大好時機來了。二〇〇〇年，馬雲請他的偶像金庸做主持，舉行「西湖論劍」，為彙集全國最精英的互聯網新貴搭建交流平臺。

第一屆「西湖論劍」，金庸代表所有網友，用一種輕鬆的方式把一個嚴肅的問題放到了與會的互聯網巨頭的面前。他認為巨頭們都很忙，服務也不收錢。從國外調集資本，上市籌錢，規模做得很大，也很成功。但是錢花光了怎麼辦，維持不下去了怎麼辦？還有一個比方，武俠小說中有一些邪派武功可以把人家的功力吸過來，網路公司要擴大也需要引入國外資金，把資金拿過來就不還給他了。金庸認為這個比喻雖然不是很恰當，但是吸收一些外資是很需要的，將來得還。張無忌傷好了，幫張三豐治傷，這就是有借有還。

互聯網自己做得風風火火，可是他們以什麼來賺錢，以什麼來回報投資者呢？這是網友和投資者心中自然浮現的問題，也正是互聯網在二〇〇〇年遇到的最大問題。

馬雲當時是這樣回答的：賺錢有一二三四，看得清的模式不一定是最好的模式，看不出的賺錢模式說不定才好。全世界的投資者，到現在為止看不清楚微軟怎麼賺錢，但它是賺錢最多的企業，用傳統的思路思考網路經濟也許並不一定對。另外，現在這樣的情況下，發展網路正是時候。在低潮的時候，在大家都不看好的時候，正是練內功的時候。

一九九九年和二〇〇〇年，阿里巴巴戰略很明確，開拓全球電子商務市場，迅速進入全球化。於是新的問題出現了，這樣高速發展，只有兔子的速度，而烏龜的耐性被忽略了。這也是當時所有互聯網公司的特點。從一九九八年開始，國際國內資本掀起了投資中國互聯網公司的熱潮，僅僅維持了兩年多時間，就急速的跌入了低谷。

在二〇〇〇年，互聯網行業進入寒冬的時候，馬雲就說，即使是跪著活，只要活著就贏了。阿里巴巴副總裁戴珊至今還對馬雲當時的這句話記憶猶新，她說，隨後的阿里巴巴重新回歸企業對企業的主業，回到根本，回到大陸。所以，用馬總的話說就是，在別人最冷的時候阿里巴巴把門關起來，把自己的產品做好，等春天來的時候就會有收穫。

馬雲比喻說，這兩三年內誰能養一支軍隊就很重要了。美國要養三百個人非常難，沒什麼錢賺，公司很快就死了。燒錢太厲害，不說廣告費，光每個月的開銷就能讓企業倒閉。歐洲、香港都很難，只有中國大陸內地，只有在杭州才能屯兵三百。

三年以後，馬雲全面爆發。他擁有平均年齡在三十歲、每個人在互聯網有五年工作經驗的三百名「戰士」，這支軍隊在全世界都很難找到。可以看出，馬雲一直比較清醒，擁有烏龜的耐心，並未用自己的理想主義帶領企業兔子般突飛猛進，而是回到地面，踏實穩定的發展，因此也就有了阿里巴巴的今天。

從二〇〇一年開始，由於互聯網泡沫的破滅，中國的互聯網公司因為在運作中存在著種種不規範的行為，成為被國際資本排斥最嚴重的一個群體，這個打擊非常沉重。

到二〇〇二年互聯網經濟處於最低潮時，阿里巴巴脫穎而出，《IT時代週刊》是這樣描述的：過去兩年，北京的互聯網企業就像電梯從天堂一層層的下落到地獄，幾乎沒有一個互聯網英雄能夠脫離集體瘋狂，也沒有一個能夠逃離瘋狂後的災難。而依託杭州的阿里巴巴如今已無可爭議的成為中國大陸最好的企業對企業電子商務企業。

當別的網路公司都停滯不前的時候，阿里巴巴卻能大步向前。原因在於別人風光無限、風馳電掣的時候，阿里巴巴能經受別人說它「蝸牛爬行」「烏龜爬行」的嘲笑。做企業如同做人，能屈然後才能伸。馬雲笑稱自己

「其實我從來都是這種速度」，他是一個精於「控制哲學」的人。

在阿里巴巴的發展過程中，其成功的一個關鍵因素就是做到進退有度。當其他網站風馳電掣向前衝的時候，阿里巴巴卻「像烏龜一樣爬行」；而別人都停滯不前的時候，阿里巴巴卻能大步向前。馬雲認為做企業如同做人能屈能伸方成大丈夫。

馬雲曾經把互聯網的發展趨勢比喻成三千米長跑，認為它將影響人類未來三十年的生活。他要求自己必須跑得像兔子一樣快，又要像烏龜一樣有耐心。他說：「不去計較最初一百米的輸贏，而是要在跑了四五百米後逐漸和對手拉開距離。」什麼時候應該大步前進，什麼時候應該適當後退，馬雲心中很清楚。

馬雲曾說過：「我一如既往堅定的相信互聯網，但不相信它在很短的時間裡會像人家說得那麼好。我們需要時間，好東西需要我們用更多的時間和耐心去等。我說過，在互聯網時代，你必須跑得像兔子一樣快，又像烏龜一樣有耐心。善始未必善終。

「我們和亞馬遜、雅虎、新浪、搜狐、八八四八一樣是早起的鳥。但我們不一定所有的事都做對了。如果早起的鳥沒有吃到蟲，它就會變成被吃掉的蟲了。我們必須小心。

「互聯網像所有的新生事物一樣，有成長的煩惱。互聯網像個孩子，得到了太多的關注和好吃的，他有點被IT業內人士、投資人、媒體慣壞了。」

馬雲講究進退之術，「要比兔子快比烏龜有耐心」。這也正是其能夠處變不驚、臨危不懼的原因所在。

進退有度，做到該進時長驅直入，該退時讓人一步，需要高人一籌的智慧。

妥當的進退是「進」不張揚，直奔要害；「退」不委屈，妥善收場。老子說：「持而盈之，不如其已；揣而銳之，不可常保；金玉滿堂，莫之能守；富貴而驕，自遺其咎。功成名就身退，天之道。」它的意思是：始終保持豐盈的狀態，不若停止它；不停地磨礪鋒芒，欲使之光銳，卻難保其鋒永久銳利；滿屋的金銀珠玉，很難永恆地守護住它；人富貴了就會產生驕奢淫逸的心理，反而容易犯錯誤。這就是告訴我們應該持中守恆，懂得進退。

但是有兩種原因讓很多人沒有做到進退有度：一種是身處逆境之人雖能識之，但不能做；另一種是身處順境之人雖能做之，但不能識。

身處逆境，思量最多的就是如何才能擺脫眼前不利局面，力爭早日振作起來，因此，他們腦子裡縈繞最多的便是「進一步山窮水盡，退一步海闊天空」，但思來想去，總覺得自己背水一戰，退無可退。那麼只能向前邁進，而結果，依然是落了個「山窮水盡」的下場。

相反，身處順境的人，思量最多的則是如何抓住眼前「全國山河一片紅」的大好局勢，進一步擴大自己的勢力和影響，「好風憑藉力，送我上青天」，正處於人生得意的金字塔尖。

儘管也時時有「高處不勝寒」的感覺，但是，他們當中又有幾人能想到

「退」這一字呢？他們有的是退的資本，可是，他們沒有人能認識到這進退之術，因此擱淺了。

古代哲學家老子提出「進道若退」，他力主以柔克剛，以退為進。退卻是指半途而「止」，並不是半途而「廢」，它包含著積極而不是消極的內涵。處理好退與進的關係：退，向對手讓步，是避敵鋒芒、擺脫劣勢的手段，用退來贏得進的積極行動。

無論是戰場還是商場，也無論是勝利後的退卻還是失敗後的退卻，只要「退」僅只是手段，而不是最後目的，只要有利於整體目標的實現，「退」又何嘗不是上策呢？

因此，退中求勝的積極意義可概括為：保存實力、重整旗鼓以及待機戰勝。《老子》第三十六章寫道：「將欲歙之，必固張之；將欲弱之，必固強之；將欲廢之，必固興之；將欲奪之，必固與之。」

當我們在生活中遇見走到路的盡頭、無路可走的情況時，運用智慧，回過頭來，繞道而行便可以找到一條新路了，所以世上只有死路，沒有絕路，我們之所以會感到面對「絕路」，那是因為我們自己把路給走絕了，或者說我們的思路狹隘，缺乏「繞道」的意識。

眼光要開闊

我們要打開國際電子商務市場，培育大陸國內電子商務市場。我們的口號是避開國內甲A聯賽，直接進入世界盃。——馬雲

馬雲做企業，一開始是不被人理解的。他沒有按常理競爭國內市場，而是將眼光放到國際市場，直接參與國際競爭，用他的話說就是「避開國內甲A聯賽，直接進入世界盃」。

剛創立公司的時候，馬雲就將公司定位為全球化的企業，因而名字也應該是響亮的、國際化的。

為了註冊一個好的名字，馬雲思索了很久。

直到一次在美國一家餐廳吃飯時，他突發奇想，找來了餐廳服務員，問他是否知道阿里巴巴這個名字。服務員回答說知道，並且還跟馬雲說阿里巴巴打開寶藏的咒語是「芝麻開門」。

之後，馬雲又在各地反覆的詢問他人，馬雲發現阿里巴巴的故事被全世界的人所熟知，並且不論語種，發音也近乎一致。他開玩笑說從外婆到孫子，都讀阿里巴巴。就這樣，馬雲將公司的名字確定為「阿里巴巴」。

對於起名，馬雲還有一種說法：他選擇「阿里巴巴」這個名字是希望企業能夠成為全世界的十大網站之一，也希望全世界的商人都用阿里巴巴。既然企業定位是國際性的，那就需要有個優秀的品牌，響亮的名字是關鍵。

馬雲又提到取名「阿里巴巴」還有更深層的目的：取「阿里巴巴」這個名字不是為了中國，而是為了全球。他做淘寶，有一天也要走向全球。阿里巴巴從一開始就不僅僅是為了賺錢，而是為了創建一家全球化的、可以做一〇二年的優秀大企業。

一九九九年，馬雲參加完亞洲電子商務大會，已經意識到一個巨大的機會即將出現。當他決定建立阿里巴巴網站的時候，他明白這個機會的價值鏈是雙頭並舉的：一頭是海外買家，一頭是大陸供應商。但在當時，大陸的工廠還未成氣候，商業模式中所有成功的關鍵因素都集中在海外。

馬雲說，當時甚至不敢說自己是中國大陸公司，因為當時大家都認為中國大陸不可能有好的互聯網公司。

同時，像沃爾瑪、家樂福這樣的超級買家都在西方，互聯網的核心技術和核心企業都在西方，能向互聯網投資的主流資金也都在西方，所以馬雲決定利用一切可以找到的機會，首先搞定國外市場。

要實現這個目標，馬雲心目中的阿里巴巴網站必須是全球性的，只做國內只會將阿里巴巴變成沒有買家的賣家。他認為阿里巴巴必須迅速覆蓋全球，否則失去「第一」，也將失去存在的意義。

馬雲認為他的企業是幫助中國大陸企業出口，中國大陸的產品肯定是海

外的買家。至於如何讓這些企業成為買家，他有個生動的比喻：辦一個市場就像辦一個舞會，舞會裡面有男孩子、女孩子，如果要把他們都請進來很難。馬雲的策略是先把女孩子請進來，再把優秀的男孩子請進來，這樣市場就會變得越來越大。

在大陸國內互聯網轟轟烈烈的年代，阿里巴巴已經在國外宣傳造勢。馬雲表示，一九九九年、二〇〇〇年阿里巴巴的戰略很明確，迅速實現全球化，成為全球電子商務企業；打開國際電子商務市場，培育大陸國內電子商務市場。

很多人認為，阿里巴巴在國外的名氣比在國內大，這跟他們一九九九到二〇〇一年三年間的全面戰略有關，阿里巴巴迅速打進了海外市場。很多企業認為自己實現全球化了，但是全球化並非請幾個外國員工或者在海外建廠這麼簡單，阿里巴巴在全球化的戰略上做過很多事。

一九九九年、二〇〇〇年、二〇〇一年阿里巴巴的基本活動是在歐洲和美國，馬雲在歐洲和美國做了很多演講。馬雲記得最慘的一次演講是二○○○年在德國組織的一次演講，一千五百個座位結果只來了三個人，他覺得很丟臉。但沒有辦法，馬雲還是得演講下去，那時候阿里巴巴的推廣工作很難做。做為一個國際網站，阿里巴巴的主要目的是協助中國企業實現出口，因此必須在海外尋找賣家。要做到這一點，就必須讓外國人先瞭解阿里巴巴。

馬雲將阿里巴巴的總部定在香港，他希望辦一個由中國人創辦的公司，讓全世界驕傲的公司。

香港是個國際化大都市，阿里巴巴在美國設了研究基地，在倫敦設了分公司，然後在杭州建立了它在中國大陸的基地。

關於不把阿里巴巴總部定在國外的疑惑，馬雲有自己的主張。他始終堅持將阿里巴巴留在大陸，因為馬雲要讓全世界的人知道，阿里巴巴是中國人創辦的公司，阿里巴巴是一家讓全世界華人驕傲的中國公司。

馬雲朝著既定的方向往前走，不管外界怎麼變化，還是不受干擾，走自己的路，用心去做。

他和他的團隊就是這樣將「讓天下沒有難做的生意」當做自己的使命，從企業初創就開始放眼全球，直接參與國際競爭，制定企業的發展戰略並逐步完善，一直在圓他們「電子商務帝國」的夢。

集中力量辦大事

其實做戰略最忌諱的是面面俱到，一定要記住重點突破，所有的資源都聚集在一點突破，才有可能贏，而面面俱到那就什麼都不可能贏。講話也好，做隊長也好，要明白我的出發點在哪裡，進攻點在哪裡這才是真正的戰略要素。——馬雲

《贏在中國》第二季賽商業實戰篇第三場，馬雲點評：「我覺得我們紅隊這次確實像剛才四號隊長張華講的一樣，整場比賽並沒有什麼大的不好的地方，大家都很認真，過程也不錯，理念也很好，但結果卻是失敗了。四號隊長張華，我覺得你在這幾場的比賽，尤其在這場做隊長裡面，你有一個問題那就

是面面俱到。其實做戰略最忌諱的就是面面俱到，一定要記住重點突破，所有的資源都聚集在一點突破，才有可能贏，面面俱到那就什麼都不可能贏。所以我想給你一個建議，講話也好，做隊長也好，要明白我的出發點在哪裡，進攻點在哪裡，這才是真正的戰略要素。」

一個優秀的管理者是那些每天耗費大量精力，技術、市場都在做的人嗎？恰恰相反，管得越多不代表管的越好，真正優秀的管理者反而是「什麼都不做」的人。

在工作中，大多數人都抱怨過老闆忽視自己的意見，用指揮、命令的方式來行使領導者的權力，甚至經常無情的批評與訓斥下屬。而同樣，老闆對員工也經常感到不滿意，他們認為員工不服從管理、不遵守制度、生產技能不夠、懶惰、效率低下等。

對於這種冤家似的矛盾，美國學者肯尼士．克洛克與瓊．戈德史密斯曾在合著的《管理的終結》中分析指出，管理的終結不應是強迫式的管理，即利用權力和地位去控制他人願望，而應是「自我管理」。

一個日本人受命去管理一家即將倒閉的合資美國工廠，他只用了三個月的時間就使工廠起死回生並且贏利了。

為什麼呢？原來道理很簡單，那個日本人解釋道：「只要把美國人當做是一般意義上的人，他們也有正常人的需要和價值觀，他們自然會利用人性的態度付出回報。」

可見，真正的「人性化管理」，是幫助和引導員工實現自我管理，而並不是要求員工完全按照已經全部設計好的方法和程式進行思考和行動。

事實便是如此，最有效並持續不斷的控制是觸發個人內在的自我控制，而不是強制。許多企業在推行人本管理的過程中花費了大量的時間和精力，效果卻不甚理想。為什麼呢？就是沒有緊緊抓住最為關鍵的那個部分——協助和引導員工實現自我管理。

因為，現代企業的員工有更強的自我意識，工作對他們來說不僅意味著

「生存」，更重要的是，他們要在工作中實現自己的價值。一個公司的管理者，假如沒有認識到這一點，那就無法贏得他的下屬員工的認同感，他的公司同樣無法獲得成功。

大名鼎鼎的西門子公司有個口號叫做「自己培養自己」。它是西門子發展自己文化或價值體系的最成功的辦法，反映出了公司在員工管理上的深刻見解。

和世界上所有的頂級公司一樣，西門子公司把人員的全面職業培訓和繼續教育列入了公司戰略發展規劃，並認真的加以實施，只要專心工作，人人都有晉升的機會。

但他們所做的並不止於此，他們把相當多的注意力放在了激發員工的學習願望、引導員工不斷的進行自我激勵、營造環境讓員工承擔責任、在創造性的工作中體會到成就感這些方面，以便員工能和公司共同成長。

對西門子來說，先支持優秀的人才再支持「准成功」的創意更有價值。面對世界性的競爭，要求擁有成功的經營人才。這種理念的前提就是，經過挑選的員工絕大部分都是優秀的，他們必須幹練、靈活和全身心投入工作。他們必須有良好的學歷，積極發展自我的潛力。而且，公司也正是因為有了這些優秀的員工而獲得業績和其他利益的增長。

雲南某化工公司是大陸的一家知名企業，它有著三十多年歷史，是磷肥行業中的知名企業，該公司現有員工一千六百多名，二〇〇四年銷售收入為十五億元。之所以有如此卓越的成績，是因為從二〇〇三年起，公司就開始推行自我管理的「誠信自律」班組活動，強調給予員工足夠的信任和尊重，讓班組和員工自願提出申請，在安全生產、勞動紀律、行為規範、現場管理、生產技能提高等方面進行自我管理。員工自己制定各項行為準則和規章制度，並簽署承諾書，自己說到的就要做到，同時自覺改正錯誤行為，不斷提高管理水準。

該公司董事長如此說：「推行誠信自律班組，有助於增強管理者與員工的相互尊重和信任，進一步改善公司員工的工作氛圍，降低管理成本，從而提高工作的效益。」

這兩個案例有效的說明了「道之以政，齊之以刑，民免而無恥；道之以德，齊之以禮，有恥且格」這個道理。對於管理者而言，員工的自我約束力是最好的管理制度，是企業事半功倍的法寶。當然了，員工自我管理雖然是一種切實可行的積極的目標，但是要真正做到卻非常不容易；不僅需要領導者和管理者具備幫助、引導、培訓的種種技巧，還需要極大的熱情、耐心，以及正確的信仰。

想成為「無為而治」的管理最高境界，應建立在下列幾個前提之上：

一．建立系統化、制度化、規範化、科學實用的運作體系。

科學的運作體系是企業高效運行的基礎，運用科學有效的制度來規範員工的行為，來約束和激勵大家，對企業管理非常重要。

二．強的領導力的領導者組成的一個高績效的團隊。

高績效的領導者要會發揮自己的影響力，要會激勵下屬，輔導下屬，又會有效地授權。他既要有高瞻遠矚的戰略眼光，制定中長短期戰略目標，又要有強的執行力，把組織制定的目標落實到位，這樣才會有好的結果。

三．建構好的企業文化，用好的文化理念來帶領員工的行為。

企業既是軍隊、學校，又是家庭，提高自己的職業素養和綜合性的素質能力，又能體會到大家庭的溫暖。企業更具凝聚力、團隊精神，能留住員工的心，使企業與員工能共同發展，共同進步，基業長青。

TALENT Tool

大大的享受拓展視野的好選擇

永續圖書線上購物網
www.foreverbooks.com.tw

謝謝您購買 先相信你自己：馬雲的價值理念 這本書！

即日起，詳細填寫本卡各欄，對折免貼郵票寄回，我們每月將抽出一百名回函讀者寄出精美禮物，並享有生日當月購書優惠！

想知道更多更即時的消息，歡迎加入“永續圖書粉絲團”

您也可以利用以下傳真或是掃描圖檔寄回本公司信箱，謝謝。

傳真電話：（02）8647-3660　信箱：yungjiuh@ms45.hinet.net

☺ 姓名：　□男　□女　□單身　□已婚

☺ 生日：　□非會員　□已是會員

☺ E-Mail：　電話：（　）

☺ 地址：

☺ 學歷：□高中及以下　□專科或大學　□研究所以上　□其他

☺ 職業：□學生　□資訊　□製造　□行銷　□服務　□金融
□傳播　□公教　□軍警　□自由　□家管　□其他

☺ 您購買此書的原因：□書名　□作者　□內容　□封面　□其他

☺ 您購買此書地點：　金額：

☺ 建議改進：□內容　□封面　□版面設計　□其他

您的建議：

廣告回信
基隆郵局登記證
基隆廣字第57號

新北市汐止區大同路三段一九四號九樓之一

大拓文化事業有限公司收

請沿此虛線對折免貼郵票，以膠帶黏貼後寄回，謝謝！

想知道大拓文化的文字有何種魔力嗎？

- 請至鄰近各大書店洽詢選購。
- 永續圖書網，24小時訂購服務
  www. foreverbooks. com. tw
  免費加入會員，享有優惠折扣
- 郵政劃撥訂購：
  服務專線：(02)8647-3663
  郵政劃撥帳號：18669219